# 焊接设备操作与维护

主　编　徐宏彤　万　谦（企业）
副主编　晏丽琴　张胜男
参　编　章　继　庞健强（企业）　赵肖东（企业）
主　审　吕一中　牛小铁

机械工业出版社

本书是经全国职业教育教材审定委员会审定的“十二五”职业教育国家规划教材，是根据教育部于2014年公布的职业学校焊接专业教学标准，同时参考最新焊工职业资格标准编写的。

本书主要内容包括普通焊接设备概况、焊接工艺装备、焊条电弧焊设备、惰性气体保护焊设备、$CO_2$气体保护焊设备和其他常用焊接及切割设备。本书从现代中等职业人才培养目标出发，执行新标准、体现新模式、注重创新性和应用性，体现实用性和职业性的特点，重点强调培养对常见、常用的普通焊接设备进行操作与维护的能力。

本书可作为职业院校焊接专业教材，也可作为各类成人教育及各级焊工职业技能鉴定培训教材，同时可供有关工程技术人员参考。

为便于教学，本书配套有助教课件等教学资源，选择本书作为教材的教师可致电 010-88379197 索取，或登录 www.cmpedu.com 网站，注册后免费下载。

**图书在版编目（CIP）数据**

焊接设备操作与维护/徐宏彤，万谦主编. —北京：机械工业出版社，2015.11（2024.8重印）

“十二五”职业教育国家规划教材

ISBN 978-7-111-52678-0

Ⅰ.①焊… Ⅱ.①徐… ②万… Ⅲ.①焊接设备-操作-中等专业学校-教材 ②焊接设备-维修-中等专业学校-教材 Ⅳ.①TG43

中国版本图书馆 CIP 数据核字（2016）第006550号

机械工业出版社（北京市百万庄大街22号 邮政编码100037）

策划编辑：齐志刚 责任编辑：齐志刚

版式设计：霍永明 责任校对：纪 敬

封面设计：张 静 责任印制：张 博

北京建宏印刷有限公司印刷

2024年8月第1版第6次印刷

184mm×260mm · 10.25印张 · 235千字

标准书号：ISBN 978-7-111-52678-0

定价：29.80元

电话服务 网络服务

客服电话：010-88361066 机 工 官 网：www.cmpbook.com

010-88379833 机 工 官 博：weibo.com/cmp1952

010-68326294 金 书 网：www.golden-book.com

**封底无防伪标均为盗版** 机工教育服务网：www.cmpedu.com

# 前　言

本书是由全国机械职业教育教学指导委员会和机械工业出版社联合组织编写的“十二五”职业教育国家规划教材，是根据教育部于2014年公布的职业学校焊接专业教学标准，同时参考最新焊工职业资格标准编写的。

本书主要内容包括普通焊接设备概况、焊接工艺装备、焊条电弧焊设备、惰性气体保护焊设备、$CO_2$气体保护焊设备和其他常用焊接及切割设备。本书重点强调培养对常见、常用的普通焊接设备进行操作与维护的能力，编写过程中力求体现以下特色。

（1）执行新标准　本书依据最新教学标准和课程大纲要求组织编写，对接职业标准和岗位需求安排内容。

（2）体现新模式　本书采用“理实一体化”的编写模式，注重对焊接设备的操作技术和对所用焊接设备的维护、检修与保养，突出“做中教，做中学”的职业教育特色。

（3）注重创新性和应用性　本书反映焊接技术领域的新技术、新设备、新规定，体现实用性和职业性的特点。

本书在内容处理上主要有以下几点说明：

1）对实际生产中所涉及的常用焊接设备进行全面、细致的介绍，而对一些理论较深且实用性不强的知识尽量少讲。

2）围绕设备特点、操作规程、安全生产、维护与保养等内容展开介绍，力求取材独特、内容直白，通俗易懂。

3）兼顾焊工职业技能鉴定对焊接设备操作与维护要求的考点，以满足学校“双证制”教学的需要。

4）本书建议学时为76学时，学时分配建议见下表。

| 序　号 | 课程内容 | 学　时 |
|---|---|---|
| 第一章 | 普通焊接设备概况 | 6 |
| 第二章 | 焊接工艺装备 | 10 |
| 第三章 | 焊条电弧焊设备 | 12 |
| 第四章 | 惰性气体保护焊设备 | 16 |
| 第五章 | $CO_2$ 气体保护焊设备 | 16 |
| 第六章 | 其他常用焊接及切割设备 | 16 |
| 总计 | | 76 |

全书共6章，由兰州城市学院徐宏彤和沈阳鼓风机通风设备有限责任公司万谦主编。具体分工如下：兰州城市学院徐宏彤和沈阳鼓风机通风设备有限责任公司万谦编写第一章（部分）、第二章，兰州商通工业锅炉制造有限公司庞健强编写第六章（部分），兰州石化职业技术学院张胜男编写第五章和第六章（部分），昆明铁路机械学校章继和兰州三磊电子有限公司赵肖东编写第三章、第一章（部分），兰州城市学院晏丽琴编写第四章。本书经全国职业教育教材审定委员会审定，评审专家吕一中、牛小铁对本书提出了宝贵的建议，在此对他们表示衷心的感谢！编写过程中，编者参阅了国内出版的有关教材和资料，在此一并表示衷心感谢！

由于编者水平有限，书中不妥之处在所难免，恳请读者批评指正。

编　者

# 目　录

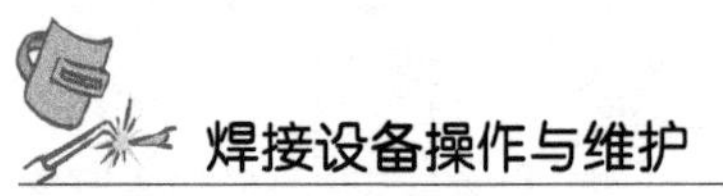

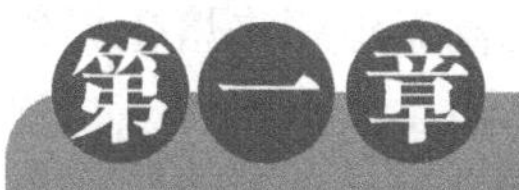

# 第一章 普通焊接设备概况

## 第一节　焊接设备的基础知识

### 一、焊接的基本知识

焊接是一种金属连接的方法，它是通过加热或加压，或两者并用，并且用或不用填充金属，使焊件间达到原子结合的一种加工方法，如图 1-1 所示。国民经济的诸多行业都需要大量高档的焊接设备。几乎所有的产品，从几十万吨巨轮到不足 1g 的微电子元件，在生产中都不同程度地依赖焊接技术。焊接已经渗透到制造业的各个领域，直接影响到产品的质量、可靠性、寿命以及生产的成本、效率和市场反应速度。大约有 1/3 的钢铁产品需要经过焊接加工，我国已经成为世界上最大的焊接设备生产国和出口国。由于钢材必须经过加工才能成为具有给定功能的产品，而焊接结构具有重量轻、成本低、质量稳定、生产周期短、效率高、市场反应速度快等优点，因而焊接结构的应用日益增多，焊接加工的钢材总量比其他加工方法多。而焊接设备是保证高质量焊缝的首要必备条件，因此，发展我国制造业，尤其是装备制造业，必须高度重视焊接技术及其焊接设备的同步提高和发展。

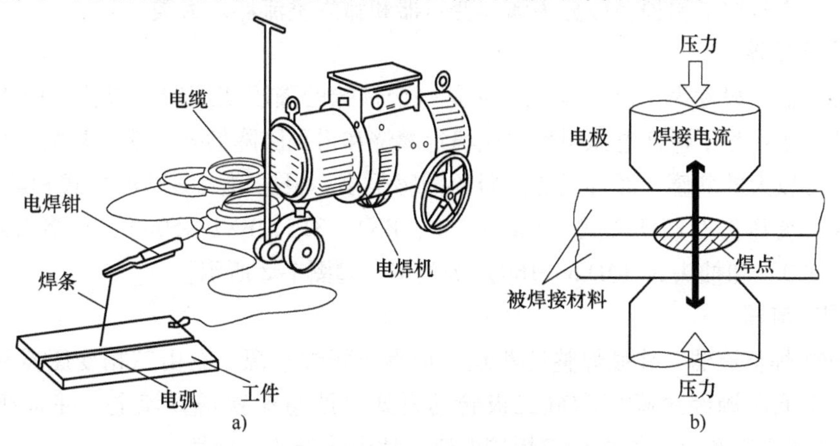


图 1-1　焊接的一般过程

a）焊条电弧焊　b）压焊

## 二、焊接设备的基本知识

焊接设备中电焊机是核心组成部分，电焊机是利用正负两极产生的高温电弧来熔化焊条（焊丝）和被焊材料，使它们达到结合的目的。不同的电弧焊方法需要相应的电弧焊机，例如，操作方便、应用最为广泛的焊条电弧焊，需要由对电弧供电的电源装置和焊钳组成的焊条电弧焊设备；锅炉、化工、造船等工业广为使用的埋弧焊，需要由电源装置、控制箱和焊车等组成的埋弧焊设备；适用于焊接化学性活泼金属的气体保护电弧焊，需要由电源装置、控制箱、焊车（自动焊）或送丝机构（半自动焊）、焊枪、气路和水路系统等组成的气体保护电弧焊设备；适用于焊接高熔点金属的等离子弧焊，需要由电源装置、控制系统、焊枪或焊车（自动焊）、气路和水路系统等组成的等离子弧焊设备。

显然，焊接设备性能的优劣，在很大程度上决定了焊接过程的稳定性。没有先进的弧焊电源与设备，要实现先进的焊接工艺和焊接过程自动化是难以办到的。因此，应该对焊接设备的结构、性能特点、使用与维修进行深入地分析，真正了解焊接设备，进而研制出新型的弧焊电源与设备，使焊接质量和生产效率得到进一步提高。

# 第二节　电焊机的分类、特点及用途

电焊机是使用电能源，将电能瞬间转换为热能，电焊机适合在干燥的环境下工作，不需要太多要求，因体积小巧，操作简单，使用方便，速度较快，焊接后焊缝结实等优点广泛用于各个领域，特别适用于要求强度很高的制件，可以瞬间将同种（或异种）金属材料进行永久性的连接，焊缝经热处理后，与母材同等强度，密封很好，解决了密闭气体和液体容器的密封和强度问题。常见的电焊机有以下 3 种，每种电焊机的应用领域不尽相同，简单介绍如下。

## 一、焊条电弧焊机系列

焊条电弧焊机按电源种类可分为弧焊变压器和弧焊整流器两大类。

**1. 弧焊变压器**

弧焊变压器一般称为交流弧焊机，它是一个特殊的降压变压器。与普通电力变压器相比，其区别在于：为了保证电弧引燃并能稳定燃烧和得到陡降的外特性，常用的交流弧焊变压器必须具有较大的漏感，而普通变压器的漏感很小。根据增大漏感的方式和其结构特点，这类交流弧焊变压器有动铁心式（BX1—250、BX1—315、BX1—500）、动绕组式（BX3—315、BX3—500）和抽头式（BX6—160）等类型，如图 1-2 所示。

**2. 弧焊整流器**

（1）硅弧焊整流器　硅弧焊整流器是一种直流弧焊电源，它由三相变压器和硅整流器系统组成。交流电源经过降压和硅二极管的桥式全波整流获得直流电，并且通过电抗器（交流电抗器或磁饱和电抗器）调节焊接电流，达到陡降的外特性。

（2）晶闸管式弧焊整流器　晶闸管式弧焊整流器用晶闸管作为整流元件。由于晶闸管

图 1-2　交流电弧焊机

具有良好的可控性，因此，焊接电源外特性、焊接参数的调节，都可以通过改变晶闸管的导通角来实现。它的性能优于硅弧焊整流器。目前已成为一种主要的直流弧焊电源。我国生产的晶闸管式弧焊整流器有 ZX5 系列和 ZDK—500 型等，如图 1-3 所示。

图 1-3　晶闸管式弧焊整流器

（3）弧焊逆变器　弧焊逆变器是一种新型的整流弧焊电源，其优点如下：

1）高效节能，效率可达 80% ~90%，功率因数可提高到 0.90，空载损耗小，因此是一种节能效果极为显著的弧焊电源。

2）质量轻、体积小，整机质量仅为传统弧焊电源的 1/10 ~1/5，体积也只有传统弧焊电源的 1/3 左右。

3）具有良好的动特性和焊接工艺性能。目前我国生产的弧焊逆变器主要有晶闸管、IGBT、场效应晶体管等三种电子器件的弧焊逆变器，产品有 ZX7 系列，如 ZX7—400、ZX7—315ST 等，如图 1-4 所示。

综上所述，弧焊变压器的优点是结构简单、使用可靠、维修容易、成本低、效率高；其缺点是电弧稳定性差、功率因数低。弧焊整流器具有制造方便、价格低、空载损耗小、噪声低等优点，而且大多可以远距离调节，能自动补偿电网波动对焊接电压、电流的影响。弧焊逆变器具有高效节能、体积小、功率因数高、焊接性能好等独特优点，是一种最有发展前途的电弧焊机。

图 1-4　弧焊逆变器

## 二、气体保护焊机系列

气体保护焊机是利用气体作为电弧介质并保护电弧和焊接区的电弧焊机。气体保护焊通常按照电极是否熔化和保护气体不同，分为非熔化极（钨极）气体保护焊（TIG）和熔化极气体保护焊，熔化极气体保护焊包括惰性气体保护焊（MIG）、$CO_2$ 气体保护焊等，如图 1-5 所示。

图 1-5　常见的气体保护焊机

**1. 氩弧焊机**

氩弧焊机是指在氩气保护下，利用电极与工件之间产生电弧熔化母材（若使用焊丝同时也熔化焊丝）的一种焊接设备。氩弧焊机按照电极的不同分为熔化极氩弧焊机和非熔化极氩弧焊机两种；按照电极的极性分为直流氩弧焊机和交流氩弧焊机。氩弧焊机用途广泛，可以焊接的材料种类繁多，钢铁材料、非铁金属均可采用氩弧焊进行焊接，并且焊缝成形美观。常见的不锈钢、结构钢采用直流正接，铝镁合金采用交流焊接。

**2. $CO_2$ 气体保护焊机**

$CO_2$ 气体保护焊是一种高效率的焊接方法，以 $CO_2$ 气体作保护气体，依靠焊丝与焊件之间的电弧来熔化金属的气体保护焊的方法。这种焊接法都采用焊丝自动送进，熔化金属量大，生产效率高，质量稳定。因此，在国内外获得广泛应用。$CO_2$ 气体保护焊机主要由焊接电源、送丝机构、焊枪、供气系统、控制系统组成。通常 $CO_2$ 气体保护焊机分为半自动 $CO_2$ 焊机、自动 $CO_2$ 焊机以及其他专用焊机（如螺柱焊、点焊）等。按照使用的焊丝直径，$CO_2$ 气体保护焊机可分为细丝（直径小于 1.2mm）$CO_2$ 焊机和粗丝（直径大于 1.6mm）$CO_2$ 焊机。细丝 $CO_2$ 焊机主要用于薄板焊接，粗丝 $CO_2$ 焊机主要用于中厚板焊接。

### 三、埋弧焊机系列

埋弧焊（含埋弧堆焊及电渣堆焊等）是一种电弧在焊剂层下燃烧进行焊接的方法。埋弧焊具有焊接质量稳定、焊接生产率高、无弧光及烟尘很少等优点，是压力容器、管段制造、箱型梁柱等重要钢结构制作中的主要焊接方法。近年来，虽然先后出现了许多种高效、优质的新焊接方法，但埋弧焊的应用领域依然未受任何影响。从各种熔焊方法的熔敷金属重量所占的比例来看，埋弧焊占10%左右，且多年来一直变化不大。埋弧焊设备通常由焊接电源、控制系统、焊接小车（包括送丝机构、行走机构、导电嘴、焊丝盘、焊机漏斗）、辅助设备（包括焊接夹具、工件变位机、焊机变位设备、焊缝成形装置、焊剂回收装置）等组成，如图1-6所示。

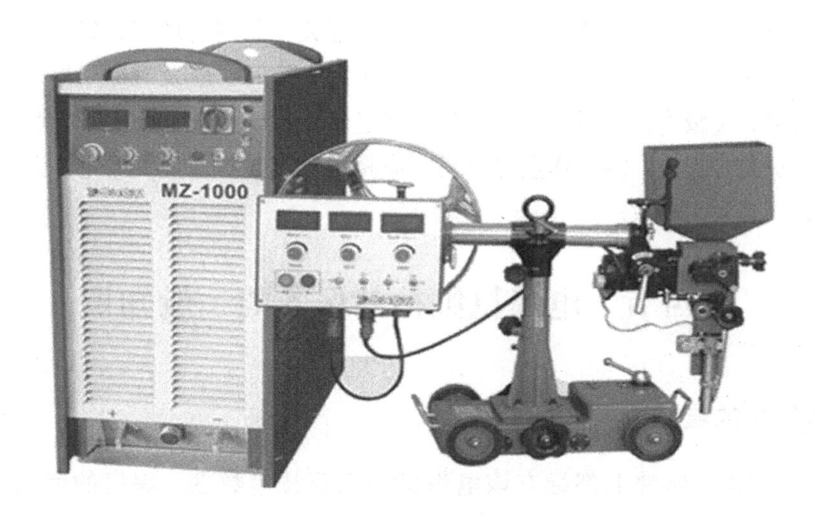


图1-6　埋弧焊

## 第三节　电焊机安全使用的一般知识

电焊机一般应放在通风、干燥处，放置平稳。检查焊接面罩应无漏光、破损。焊接人员和辅助人员应穿戴好规定的劳保防护用品，并设置挡光屏隔离焊件发出的辐射热。电焊机、焊钳、电源线以及各接头部位要连接可靠，绝缘良好，不允许接线处发生过热现象。电源接线端头不得外露，应用绝缘胶布包覆好。电焊机与焊钳间导线长度不得超过30m，如特殊需要时，长度也不得超过50m。导线有受潮、断股现象应立即更换。交流电焊机的一、二次线路接线，应准确无误。输入电压应符合设备规定，严禁接触一次线路带电部分。二次抽头连接铜板必须压紧，接线柱应有垫圈。直流电焊机使用前，应擦净换向器上的污物，保持换向器与电刷接触良好。焊接中应根据工件技术条件，选用合理的焊接工艺（焊条、焊接电流和负载持续率），不允许超负载使用，并应尽量采用无载停电装置。禁止采用大电流施焊，禁止用电焊机进行金属切割作业。

在载荷施焊中，焊机温升不应超过 A 级 60℃、B 级 80℃，否则应停机降温后，再进行焊接。电焊机工作场地应保持干燥，通风良好。移动电焊机时，应切断电源，不得用拖拉电缆的方法移动焊机，如焊接中突然断电，应切断电源。在焊接中，不准调节电流，必须在停焊时使用手柄调节焊机电流，不得过快、过猛，以免损坏调节器。直流电焊机起动时，应检查转子的旋转的方向要符合焊机标志的箭头方向。直流电焊机的电刷架边缘和换向器表面的间隙不得少于3mm，并注意经常调整和擦净污物。硅弧焊整流器使用时，必须先开启风扇电动机，电压表指示值应正常，仔细察听应无异响。停机后，应清洁硅整流器及其他部件。严禁用摇表测试硅弧焊整流器主变压器的二次绕组和控制变压器的二次绕组。必须在潮湿处施焊时，焊工应站在绝缘木板上，不准用手触摸焊机导线，不准用臂夹持带电焊钳，以免触电。

完成焊接作业后，应立即切断电源，关闭焊机开关，分别清理归整好焊钳电源和地线，以免合闸时造成短路。施焊中，如发现自动停电装置失效时，应及时停机断电后检修处理。清除焊缝焊渣时，要戴上护目眼镜，注意头部应避开敲击焊渣飞溅方向，以免刺伤眼睛，不能对着在场人员敲打焊渣。露天作业完成后，应将焊机遮盖好，以免雨淋。不进行焊接时，应切断电源，以免发生事故。

## 第四节　电焊机维护与保养的一般知识

### 一、电焊机的维护

1）每台电焊机的铭牌上都标有该电焊机的主要技术数据，焊机的使用应按照规定执行。

2）调节电流或变换极性应在空载状态下进行。

3）电源工作时，不允许有长时间的短路现象，特别是防止在空载情况下焊钳与焊件的短路。

4）在使用焊机前，应做必要的检查，以避免发生事故。检查工作有如下几点：

① 检查焊机的接线与网路电压是否相符。连接导线的接头是否松动，如果发现松动，应立即将接头螺母拧紧。

② 检查闸箱的熔丝或熔片是否完好，调电性能是否完好。

③ 对直流焊机要检查极性是否正确，检查发电机电箱是否清洁无污。如果发现电刷和电箱有接触不良或污物，应用细砂纸磨平擦净。还要注意电刷和电箱是否转动自如，可在静止状态下用手拨动，观察是否有阻碍，若有阻碍应立即修理。

5）起动时，应注意发电机电枢的旋转方向是否正确，若出现反转，应立即拉闸停机，改变接线，使电枢按规定方向旋转。同时还要注意转动是否有杂音，若声音不正常，也应停机修理。

6）检查焊机各转动部分是否有障碍物，以防各转动部分遭损坏。

## 二、电焊机的保养

1）注意焊机清洁，做到勤检查、勤擦洗、勤保养、会检查、会保养、会排除故障。

2）日常保养要对进丝管、送丝轮、送丝软管定期清洗。

3）每6个月用压缩空气（不含水分）清除一次电源内部的粉尘（在切断电源的情况下）。

4）定期检查导电嘴孔是否变形及拧紧、焊枪喷嘴是否附着很多飞溅物。

5）应经常给调节电源的螺杆、螺母等转动部件加润滑油，同时要检查各接线板是否有烧损或其他损坏现象。

6）应经常检查焊接电缆是否有破裂处，如有破裂，应立即用绝缘橡胶包好，以避免与焊件相碰而产生短路。

7）工作完毕或临时离开工作场所地时，必须及时切断电源。

# 第五节　焊接设备的发展历史、现状及发展趋势

## 一、焊接设备的发展历史

焊接技术的发展是与近代工业和科学技术的发展紧密联系的。弧焊电源与设备又是弧焊技术发展水平的主要标志，它的发展与弧焊技术的发展也是相互促进、密切相关的。

1802年俄国学者发现了电弧放电现象，并指出利用电弧热熔化金属的可能性。但是，电弧焊真正应用于工业，则是在1892年出现了金属极电弧焊接方法以后。当时，电力工业发展较快，弧焊电源本身也有了很大的改进。到20世纪20年代，除弧焊发电机外，已开始应用结构简单、成本低廉的弧焊变压器。随着生产的进一步发展，不仅需要焊接的产品数量增加，而且许多产品对焊接质量的要求也提高，加之焊接冶金科学的发展，20世纪30年代，在薄药皮焊条的基础上研制成功了焊接性能优良的厚药皮焊条，更显示了焊接方法的优越性。这个时期，由于机械制造、电机制造工业及电力拖动、自动控制等新科学技术的发展，也为实现焊接过程机械化、自动化提供了物质条件和技术条件，20世纪30年代后期，埋弧焊开发成功。20世纪40年代初，由于航空、核能等技术的发展，迫切需要轻金属或合金，如铝、镁、钛、锆及其合金等，这些材料的化学性能活泼，产品对焊接质量的要求又很高，氩弧焊就是为了满足上述要求而发展起来的新的焊接方法。20世纪50年代又相继出现了$CO_2$焊等各种气体保护电弧焊，随后又出现了焊接高熔点金属材料的等离子弧焊。

各种焊接方法的问世，促进了焊接设备的飞速发展，20世纪40年代开始出现了用硒片制成的弧焊整流器。到20世纪50年代末，由于大容量的硅整流器件、晶闸管的问世，为发展新的弧焊整流器开辟了道路。20世纪70年代以来，又相继研制成功脉冲弧焊电源、逆变式弧焊电源、矩形波交流弧焊电源。

焊接设备的飞速发展，不仅表现为种类的大量增加，还表现在电子技术、控制技术（PID控制、模糊控制、人工神经网络技术和智能控制）、计算技术等的广泛应用，使焊接设

备质量不断提高，性能得到改善。例如，采用单旋钮调节，即用一个旋钮就可以对电弧电压、焊接电流和短路电流上升速度等同时进行调节，并获得最佳配合；通过电子控制电路获得多种形状的外特性以适应各种弧焊工艺的需要；采用多种电压、电流波形，以满足某些弧焊工艺的特殊需要；采用电压和温度补偿控制；设置电流递增和电流衰减环节，以防止引弧冲击和提高填满弧坑的质量；采用计算机控制，具有记忆、预置焊接参数和在焊接过程中自动变换焊接参数等功能，使焊接设备智能化。

## 二、焊接设备的现状及发展趋势

### 1. 我国焊接设备的现状

目前，我国焊接设备制造、研究的状况与正在蓬勃发展的国民经济的需要不相适应，产品的品种、数量、质量、性能和自动化程度还远远不能满足使用部门的要求，与世界工业发达国家比较，尚存在较大差距。为了适应我国经济建设的需要，必须重视弧焊电源与设备的研制，充分利用电子技术、计算机技术和大功率电子器件，不断提高产品质量；大力发展高效、节能、性能良好的新型弧焊电源与设备，积极研制微机控制的弧焊电源与设备，从而把弧焊电源与设备的发展推向一个新阶段。

（1）焊机控制数字化　全数字化控制技术大大提高焊机的控制精度、焊机产品的一致性和可靠性，同时也大大简化了控制技术的升级。而国内的焊接电源，仍然以模拟控制技术为主，虽然部分厂家也推出了全数字化的焊接电源，但是大都处于简单代替模拟控制的水平，全数字控制的作用还没有发挥出来，导致市场的认可度不高。

（2）工艺控制智能化　国外进口焊接电源大都以免费或选配的方式提供了焊接专家系统，操作者输入焊接材料、厚度、坡口形式等焊接工艺条件就可自动生成焊接工艺。而国内焊接电源厂家在焊接工艺的研究和积累工作还十分有限，难以提供成熟可靠的焊接工艺支持，导致国内产品除价格外与进口产品相比不具有优势，大部分高端市场份额仍然被进口焊机占据。正是在智能化和焊接工艺服务上的缺失和脱节，我国的焊接设备大多为纯粹的机器和设备，而没有负起为焊接用户解决焊接问题的责任。

（3）系统集成网络化　国外焊接设备大都提供了现场总线接口，而且可控参数丰富，焊接工艺控制更加方便，国外自动化焊接系统的集成水平显著提高。而国内的自动化焊接系统普遍处于继电器开关量编组控制的水平，各个自动化焊接部件信息量的传递十分有限，难以实现复杂的焊接工艺协调控制。

（4）自动化、机器人焊接装备技术　在欧美、日本等焊接技术发达国家，自动化、机器人焊接设备的应用非常普遍，特别是在批量化、大规模和有害作业环境中使用率更高，已形成了成熟的技术、设备和与之配套并不断升级的焊接工艺。在我国，汽车、石化、电力、钢构等行业焊接生产现场使用的自动化和机器人焊接设备，少部分为国内焊接装备企业的自主知识产权设备，一部分由国内或合资、独资企业提供的、关键部件采用国外技术的组装和成套产品，更多的则是成套进口设备。国内企业对自动化、机器人焊接设备的关键技术的掌握和生产应用方面，与国际先进水平相比还存在较大差距。

（5）焊接企业集团化　国外焊接企业为提高自身的生存能力，都在尽可能地完善产品链，提高市场的占有率。各个专业厂家之间也都组成联盟或企业集团，提高在市场竞争中的共生共存能力。而国内的焊接装备企业普遍弱小且各自为战，在高端产品的研制开发上投入不足，在高端市场上难以对国外大的焊接企业集团构成威胁，只能采用价格战拼抢低端市场。

**2. 焊接设备发展趋势**

随着市场竞争的日益加剧，适者生存、优胜劣汰将成为焊接设备行业结构调整的必然趋势。

（1）逆变式焊接电源所占比例将越来越大　逆变式焊接电源由于具有焊接性能好、动态反应速度快、动特性好、体积小、重量轻、效率高、焊接速度高、多功能、有利于实现焊接机械化和自动化等优点，已成为弧焊电源的发展方向。2000 年，国家将 IGBT 逆变电源列入高科技产品目录，这是焊接设备行业唯一被列入的产品。

（2）自动、半自动焊接设备，尤其是高效节能的 $CO_2$ 焊机将得到快速的发展　自动、半自动焊接设备主要是指自动、半自动气体保护焊机、埋弧焊机等产品，是实现优质、高效焊接工艺的必备，尤其是 $CO_2$ 气体保护焊机还具有节能、生产效率高、成本低、焊接品质好、有利于实现焊接自动化等特点。

（3）自动化焊接技术及其设备将以前所未有的速度得到发展　三峡工程、西气东输工程、航天工程、船舶工程、北京奥运场馆工程等国家大型基础工程的建设，有力地促进了先进焊接工艺特别是焊接自动化技术的发展与进步。汽车及零部件的制造对焊接的自动化程度要求也日新月异，未来我国焊接设备行业的发展趋势可以概括为“高效、自动化、智能化”。目前，我国的焊接自动化率还不足 30%，同发达工业国家的近 80% 差距尚远。从 20 世纪末国家逐渐在各个行业推广自动焊的最基础焊接方法——气体保护焊，来取代传统的焊条电弧焊，现已初见成效。可以预计，在不久的将来，我国自动化焊接技术及其设备将以前所未有的速度得到发展。

我国很多行业部门和大型企业已经意识到这些问题，船舶工业已率先提出高效率焊接要达到 80% 以上，其中 $CO_2$ 焊的应用率达到 55%，焊接机械化、自动化率要达到 70% 左右。

（4）成套、专用焊接设备的应用将会越来越广阔　近年来，焊接设备行业在专用成套焊接设备制造方面有了一定的发展，除继续为汽车、冶金、石油化工、轻工等传统产业提供部分所需要的焊接设备外，还承担了部分国家重点工程焊接装备的供货工作，如承担西气东输工程中输气管道用的大直缝管焊接生产线的研制任务。此外，机器人焊接、切割及搬运系统也已经在汽车、摩托车、工艺电器、化工机械以及民用产品制造等众多领域得到应用。

**【课后练习】**

1. 电焊机安全使用的一般常识有哪些？
2. 电焊机如何进行保养？
3. 简述焊接设备发展的趋势。

# 第二章 焊接工艺装备

## 第一节 焊接工艺装备基本知识

### 一、焊接工艺装备在焊接生产中的地位及作用

现代化的工业生产应具备生产效率高、劳动强度低、产品质量优、价格低廉、市场竞争力强等特点，焊接结构产品的生产同样应该具备这些特点。焊接结构产品在整个生产过程中，应充分利用工艺装备，以实现生产过程的机械化和自动化。焊接结构产品的制造过程中，纯焊接所需作业工时占全部作业工时的25%～30%，其余作业工时全部用于备料、装配及其他辅助工作。这些工作直接影响焊接结构生产的进度，特别是随着高效率焊接方法的大量应用，这种影响日渐突出。解决好这一问题的最佳途径，就是大力推广使用机械化和自动化程度较高的焊接工艺装备。

焊接工艺装备在焊接结构生产中的作用概括起来有以下几个方面：

1）采用焊接工装夹具，零件由定位器定位，不用划线或很少划线就可以实现零件的准确定位，施焊时还可以免去定位焊。

2）焊件在夹具中强行夹固或预先给予反变形，这样对控制焊接变形非常有利，可提高焊件的互换性；同时，焊件上配合孔、槽等机加工要素可由原来的先焊接后加工改为先加工后焊接，从而避免了大型焊件焊后加工所带来的困难，有利于缩短焊件的生产周期。

3）采用焊接变位机械有以下几方面的作用：第一，可缩短装配和施焊过程中的焊件翻转时间，减少辅助工时，提高焊接生产率；第二，可以使焊件处于最有利的施焊位置，这样便于焊接操作，有利于保证焊接质量；第三，采用焊接变位机械，可以扩大焊机的焊接范围，如埋弧焊机配合相应的焊接变位机械，可完成筒形焊件的内外环缝、空间曲线焊缝、空间曲面堆焊等焊接工作；第四，采用焊接变位机械，可变手工操作为机械操作，减少了人为因素对焊接质量的影响；第五，采用焊接变位机械，可以在条件困难、环境危险以及不适宜人工直接操作的场合实现焊接作业。

总之，采用焊接工艺装备，对提高焊接生产率，确保焊接质量，改善工人的劳动条件，实现焊接过程的机械化、自动化等方面都具有重要的作用。因此，无论是在焊接车间或是在焊接施工现场，焊接工艺装备都已经并将继续获得广泛的应用。

## 二、焊接工艺装备的种类及特点

### 1. 焊接工艺装备的种类

焊接结构种类繁多，生产工艺过程和要求也不尽相同，相应的焊接工艺装备在形式、工作原理和技术要求上也有很大差别。随着焊接结构应用范围的逐步扩大，焊接结构生产的机械化、自动化水平不断提高，焊接结构生产过程中所用的工艺装备其种类也将不断增加。焊接工艺装备可按其功能、适用范围、动力来源等进行分类。

（1）按功能分类　可分为装配—焊接夹具、焊接变位机械和焊接辅助机械。

1）装配—焊接夹具主要是对焊件进行准确的定位和可靠的夹紧。其特点是结构简单、功能单一。多由定位元件、夹紧机构和夹具体组成。手动夹具便于携带和挪动，适用于现场安装和大型金属结构的装配和焊接生产使用。

2）焊接变位机械又分为焊件变位机械、焊机变位机械和焊工变位机械三种类型。

① 焊件变位机械是将焊件回转或倾斜，目的是将焊接接头处于水平位置或船形位置。焊件被夹持在可变位的台（架）上，该变位台（架）由机械传动机构使其在空间变换位置，适用于结构比较紧凑、焊缝比较短而分布不规则的焊件装配和焊接时使用。

② 焊机变位机械是将焊机机头或焊枪送到并保持在待焊位置，或以选定的焊接速度沿规定的轨迹移动焊机的装置。焊机或焊机机头通过该机械实现平移、升降等运动，使之达到施焊位置并完成焊接。

③ 焊工变位机械是焊接高大焊件时带动焊工升降的装置。它由机械传动机构实现升降，将焊工送至施焊位置。适用于高大焊接结构产品的装配、焊接和检验等工作。

3）焊接辅助机械主要包括为焊接服务的各种装置，如焊丝处理装置、焊剂回收装置、焊剂垫及各种吊具、地面运输设备、起重机等。

（2）按适用范围分类　可分为专用工装、通用工装和组合式工装三种。

1）专用工装是指只适用于一种焊件装配和焊接的工装，多用于有特殊要求和大批量生产的场合。

2）通用工装一般不需要调整即能适用于多种焊件的装配和焊接。因此又称万能工装。

3）组合工装是将各夹具元件组合以适用于某种产品的装配与焊接，组合工装也具有万能性。

（3）按动力来源分类　可分为手动工装、气动工装、液动工装、磁力工装和电动工装等。

1）手动工装是靠人的手臂之力推动各种机构实现焊件的定位、夹紧或运动。它适用于夹紧力不大、单件小批量或小件生产的场合。

2）气动工装是利用压缩空气作为动力源，这种工装传动力不大，适用于快速夹紧和变位的场合。

3）液动工装是利用液体压力作为动力源，其传动力较大且比较平稳，但速度较慢、成本高，适用于传动精度高、工作要求平稳及尺寸紧凑的场合。

4）磁力工装是利用永磁铁或电磁铁产生的磁力作为动力源夹紧焊件。适用于夹紧力较小的场合。

5）电动工装是利用电动机的转矩作为动力驱动传动机构。其特点是可实现各种动作，效率高、省力、易于实现自动化，适用于批量生产。

**2. 焊接工艺装备的特点**

焊接工装的使用与焊接结构产品的各项经济技术指标有着紧密的关系。

（1）与备料加工的关系　焊接结构产品生产具有加工工序多、工作量大的特点。采用工装进行备料加工，要与焊件几何形状、尺寸偏差和位置精度的要求相匹配，尽可能使焊件具有互换性，提高坡口的加工质量，减小弯曲成形的缺陷。

（2）与装配工艺的关系　利用定位器和夹紧器等装置进行焊接结构的装配，其定位基准和定位点的选择与零件的装配顺序、零件尺寸精度和表面粗糙度有关。如要求尺寸精度高、表面粗糙度值低的零件，装配时应选用具有刚性固定的定位元件，快速而夹紧力不太大的夹紧元件；焊件尺寸精度要求不高、表面粗糙度值较高的零件，应选用具有足够的耐磨性并能迅速拆换和调整的定位元件；焊件表面不平的，应选用夹紧力较大的夹紧器。

（3）与焊接方法的关系　不同的焊接方法对焊接工装的结构和性能要求也不尽相同。如采用自动焊生产，一般对焊机机头的定位有较高的精度要求；采用手工焊生产，则对工装的运动速度要求不太严格。

（4）与生产规模的关系　焊接结构生产的规模和批量，对工装的专用化程度、完善性、效率和构造等都具有一定的影响。单件生产时，一般选用通用的工装夹具；成批生产某种产品时，通常选用较为专用的工装夹具，也可选用通用的、标准夹具的零件或组件；对专业化大量生产的结构产品，每道装配、焊接工序都应采用专门的装备来完成，如采用气压、液压、电磁式快动夹具或电动机械化、自动化装置，形成专门的生产线。

## 第二节　焊接工装夹具

焊接工装夹具是将焊件准确定位并夹紧，用于装配和焊接的工艺装备，如图2-1所示。

### 一、焊接工装夹具的分类及组成

**1. 焊接工装夹具的分类**

（1）按用途分类　在焊接结构生产中，装配和焊接是两道重要的生产工序。通常完成这两道工序的方式有两种，一种是先装配后焊接；另一种是边装配边焊接。用来装配并进行定位焊的夹具称为装配夹具；专门用来焊接焊件的夹具称为焊接夹具；既用来装配又用来焊接的夹具称为装焊夹具。装配夹具、焊接夹具、装焊夹具统称为焊接工装夹具。

（2）按动力来源分类　可分为手动夹具、气动夹具、液动夹具、磁力夹具、真空夹具、电动夹具和混合式夹具等。

**2. 焊接工装夹具的组成**

一个完整的焊接工装夹具由定位器、夹紧机构和夹具体三部分组成。在装焊作业中，多

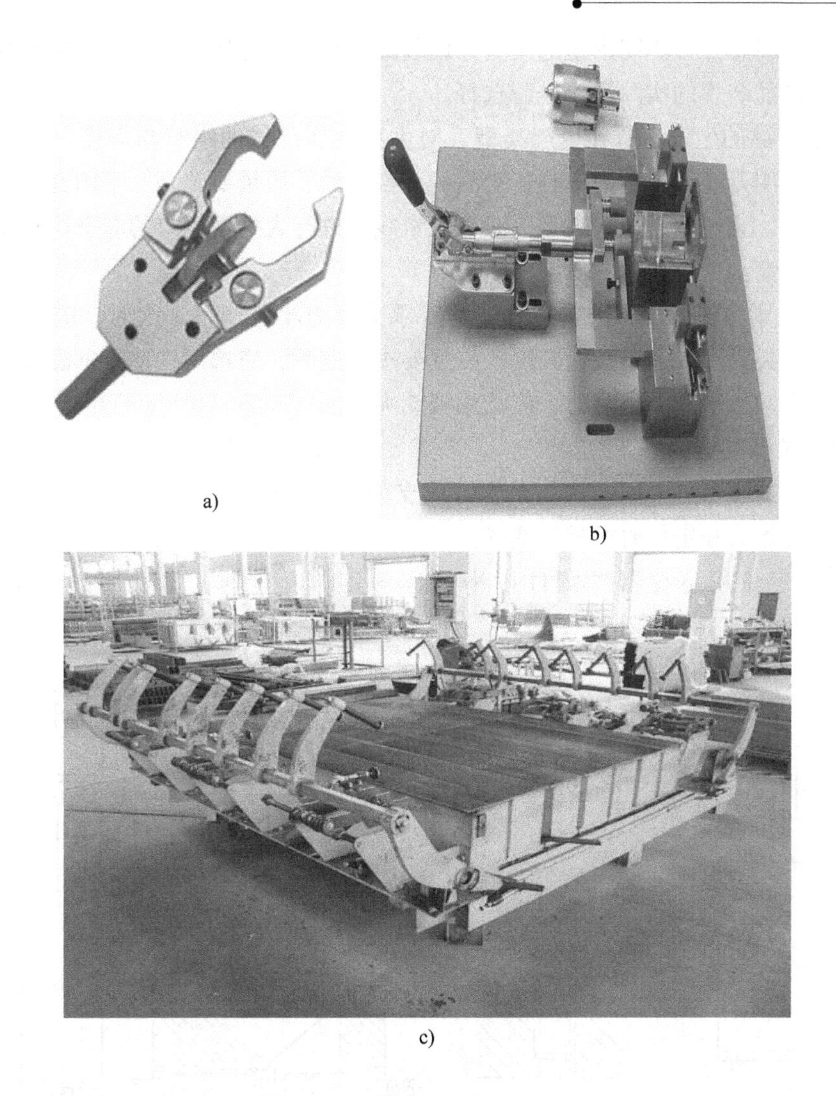

a)

b)

c)

图 2-1　焊接工装夹具

使用在夹具体上装有多个不同的夹紧机构和定位器的复杂夹具，又称为胎具或专用夹具。其中，除夹具体是根据焊件架构形式进行专门设计外，夹紧机构和定位器多是通用的结构形式。

定位器大多是固定式的，并采用手动、气动和液压等驱动方式。夹紧机构是工装夹具的主要组成部分，其结构形式较多，且相对复杂，驱动方式也是多种多样的。

## 二、焊接工装夹具的选择

### 1. 焊接工装夹具类型的选择

选择焊接工装夹具的类型时应考虑以下几方面的因素：

（1）考虑装配与焊接的程序　根据焊件的结构特点和焊接工艺要求，有两种装配与焊接程序：一是整装整焊，即整体装配完成后再进行焊接；二是随装随焊，即装配与焊接交叉进行。这样相应就有三种不同用途的夹具，即装配用夹具、焊接用夹具和装配与焊接合用的夹具，应根据产品装焊的实际需要进行选择。

（2）考虑产品的生产性质和生产类型　对大型金属结构的组装与焊接、单件小批量生产的产品，宜选用万能程度高的夹具；对品种变换频繁、质量要求高，不用夹具无法保证装配和焊接质量的，宜选用组合式夹具；对在流水线上进行大批量生产的应选用专用夹具，且自动化水平应较高。

（3）考虑夹紧力的大小和动作特性　对要求夹紧力小且产量不大时，应选用手动轻便的夹具；对要求夹紧力较大、夹紧频度较高且要求快速时，应选用气动或电磁夹具；对要求夹紧力大且要求动作平稳、牢靠时，应选用液动夹具。

**2. 常用定位器的选择**

定位器的形式有多种，如挡铁、支承钉或支承板、定位销及V形块等。使用时，可以根据工件的结构形式和定位要求进行选择。

（1）平面定位用定位器　焊件以平面作为定位基准时，常使用的定位器是挡铁（图2-2a）和支承钉（图2-2b）。

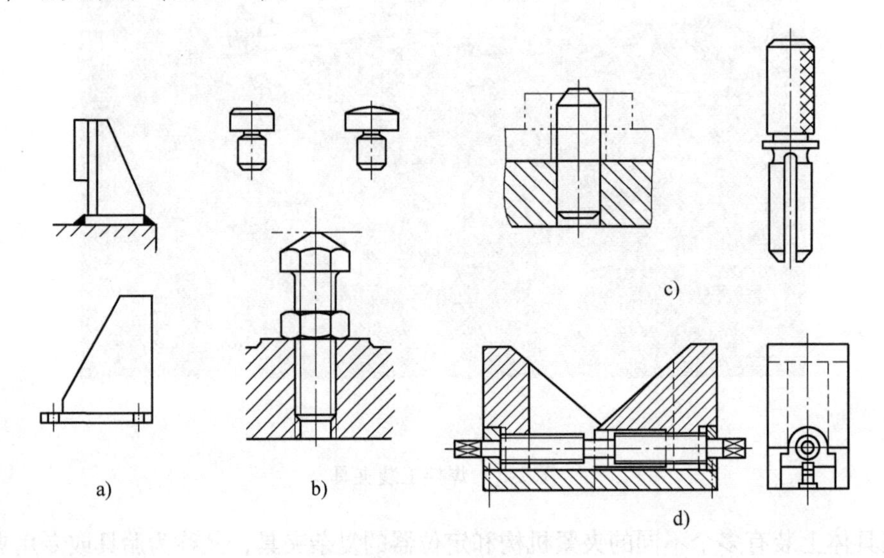

图2-2　定位器
a）挡铁　b）支承钉　c）定位销　d）V形块

挡铁有固定式、可拆式和可退出式等几种。固定式挡铁一般焊在夹具体或装配在平台上，高度不低于被定位件截面重心线，可使焊件在水平面或垂直面内固定，它用于单一产品且批量较大的生产中；可拆式挡铁直接插入夹具体或装配平台的锥孔中，不用时可以拔出，也可用螺栓固定在平台上，它适用于单件或多品种焊件的装配；可退出式挡铁是为了便于工件装上和卸下，通过铰链结构使挡铁用后能退出。

支承钉分固定式、可调式和支承板等。固定式支承钉安装在夹具体上，用于刚性较大的工件定位，该支承钉已经标准化；可调式支承钉其高度可按需要调整，适用于装配形状相同而规格不同的焊件；支承板用螺钉固定在夹具体上，适用于工件经切削加工平面或较大平面作为基准平面。

（2）圆孔定位用定位器　利用零件上的装配孔、螺钉孔或螺栓孔及专用定位孔等作为定位基准时多采用定位销（图 2-2c）定位。定位销分固定式、可换式、可拆式和可退出式等。

固定式定位销装在夹具体上，其工作部分的直径按工艺要求和安装方便确定，它已经标准化。在大批量生产的情况下，由于定位销磨损快，为保证精度须定期维修和更换，因此，应使用可换式定位销。零件之间靠孔用定位销来定位，定位焊后须拆除该定位销才能进行焊接，这时应使用可拆式定位销。可退出式定位销是通过铰链使圆锥形定位销用后可以退出，方便工件装卸。

（3）外圆表面定位用定位器　生产中，圆柱表面的定位多采用 V 形块（图 2-2d）。V 形块有固定式、调整式和活动式等。固定式 V 形块对中性好，能使焊件的定位基准轴线在 V 形块两斜面的对称平面上，而不受定位基准直径误差的影响，并且安装方便，粗、精基准均可使用，已标准化。调整式 V 形块用于同一类型但尺寸有变化的焊件，或用于可调整夹具中。活动式 V 形块用于定位夹紧机构中，起消除一个自由度的作用，常与固定 V 形块配合使用。

（4）应用定位器的技术要点　应用定位器时，应注意以下技术要点：

1）定位器的工作表面在装配作业中将与被定位零件频繁接触且为零部件的装配基准，因此，不仅要有适当的加工精度，还要有良好的耐磨性（表面硬度为 40～65HRC），以便在较长期的工作条件下保持较稳定的定位精度。

2）定位器有时要承受工件的重力，吊装时也难免受到焊件的碰撞和冲击，因此，定位器本身应具有足够的刚度；同时，安装定位器的夹具也必须具有更大的刚度，以确保焊件定位的准确性和可靠性。

3）定位器的布置应符合定位原理，为了满足装配零部件的装卸，还需将定位器设计成可移动、可回转或可拆装的形式。

4）注意基准的选择与配合。应用定位器要优先选择焊件本身的测量基准、设计基准。必要时可专门为解决定位精度而在焊件上设置装配孔、定位块等。

5）注意定位操作的简便性。对焊件尺寸较大，特别是采用中心柱销定位时，操作者不便观察焊件的对中情况，这时，定位器本身应具有适应对中偏差的导入段，如在定位器端部加工出斜面、锥面或球面导向，以辅助焊件的对中并导入焊件。

**3. 常用夹紧机构的选择**

焊件经过定位后，必须实现夹紧，否则无法保证它的既定位置。为此，夹紧所需要的力应能克服操作过程中产生的各种力，如焊件的重力、惯性力、因控制焊接变形而产生的拘束力等。确定夹紧力，应从三个方面考虑，一是确定夹紧力的方向；二是选择夹紧力的作用点；三是计算所需夹紧力的大小。

（1）斜楔夹紧机构　斜楔夹紧机构是利用斜面移动产生的压力夹紧工件。在焊接工装夹具中，常见的斜楔夹紧机构如图 2-3 所示。

斜楔夹紧机构结构简单、易于制造，既能独立使用又能与其他机构联合使用。手动斜楔多在单件小批生产或在现场大型金属结构的装配和焊接中使用。和其他机构联合使用时，常以气压或液压作为动力源。

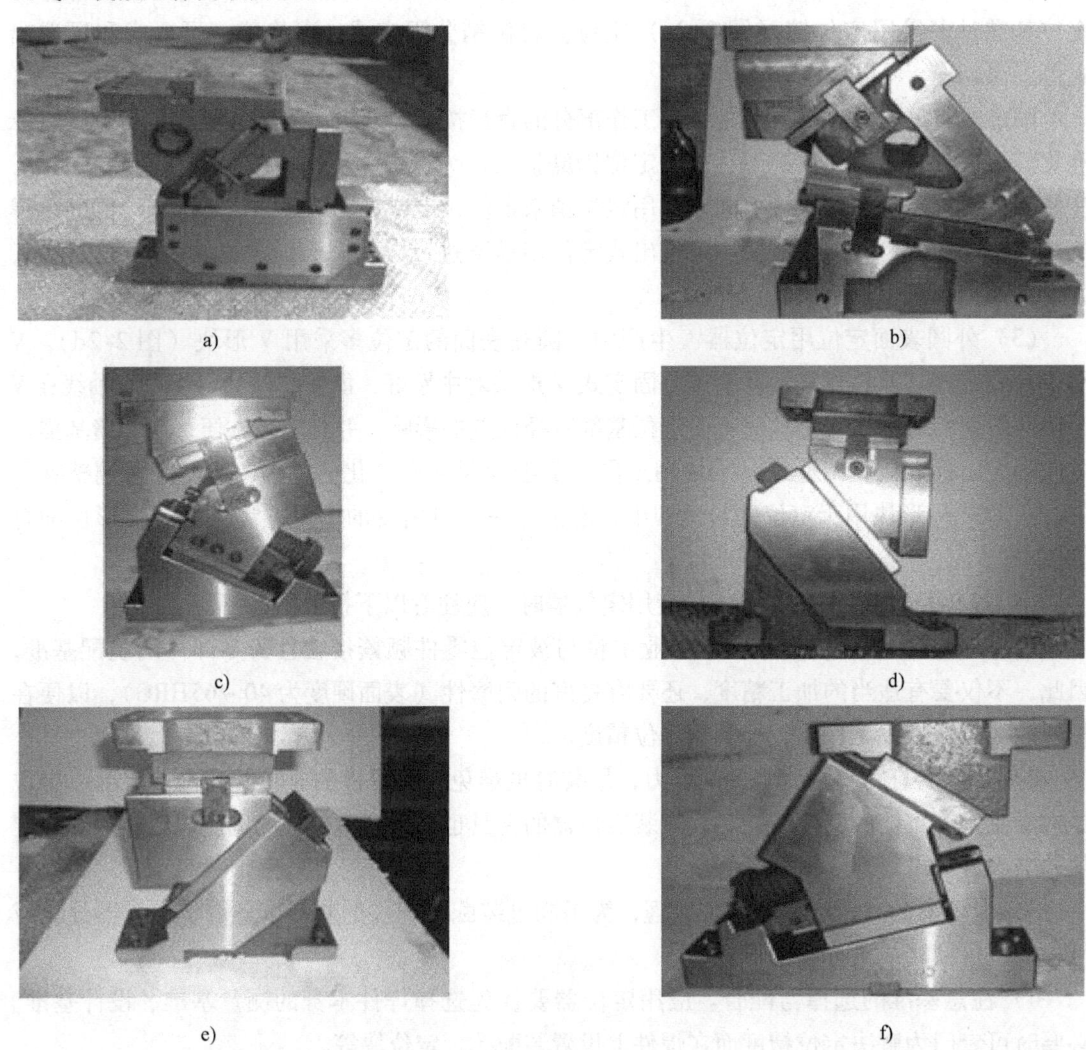

a) b) c) d) e) f)

图 2-3 常见的斜楔夹紧机构

（2）螺旋夹紧机构 螺旋夹紧机构是利用旋转螺钉或螺母使两者之间产生相对的轴向移动实现焊件的夹紧。其特点是结构简单，增力大，自锁性能好，行程不受限制，但夹紧动作慢，效率低，靠人力夹紧体力消耗大，易疲劳。螺旋夹紧机构用途广泛，既可单独使用，也可和其他机构联合使用，可以设计成夹紧器、拉紧器、推撑器等不同用途的器件。

螺旋夹紧机构已成为手动焊接工装夹具中的主要夹紧机构，约占各类夹紧机构总和的 40%，在单件及小批量焊接生产中得到了广泛应用。图 2-4 为几种常见的螺旋夹紧机构。

（3）偏心轮夹紧机构 偏心轮是指绕一个与几何中心相对偏移一定距离的回转中心而旋转的零件。偏心轮夹紧机构是由偏心轮或凸轮的自锁性能来实现夹紧作用的夹紧装置。此种机构夹紧动作迅速（手柄转动一次即可夹紧零件），应用广泛，特别适用于尺寸偏差较小、夹紧力不大及很少振动情况下的成批大量生产，如图 2-5 所示。

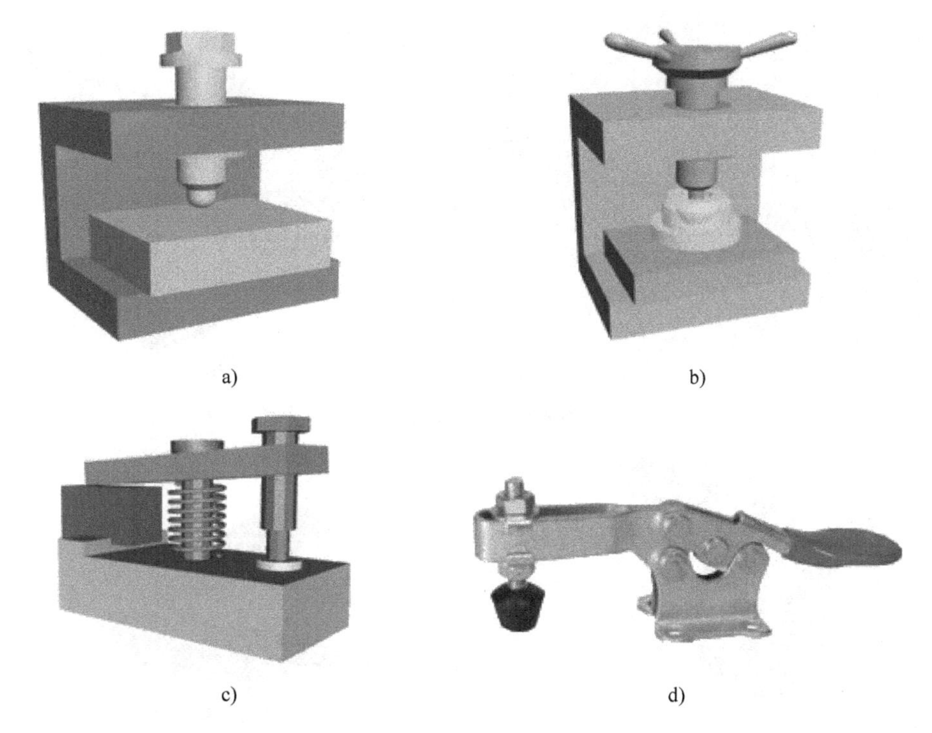

a)　b)　c)　d)

图 2-4　常见的螺旋夹紧机构

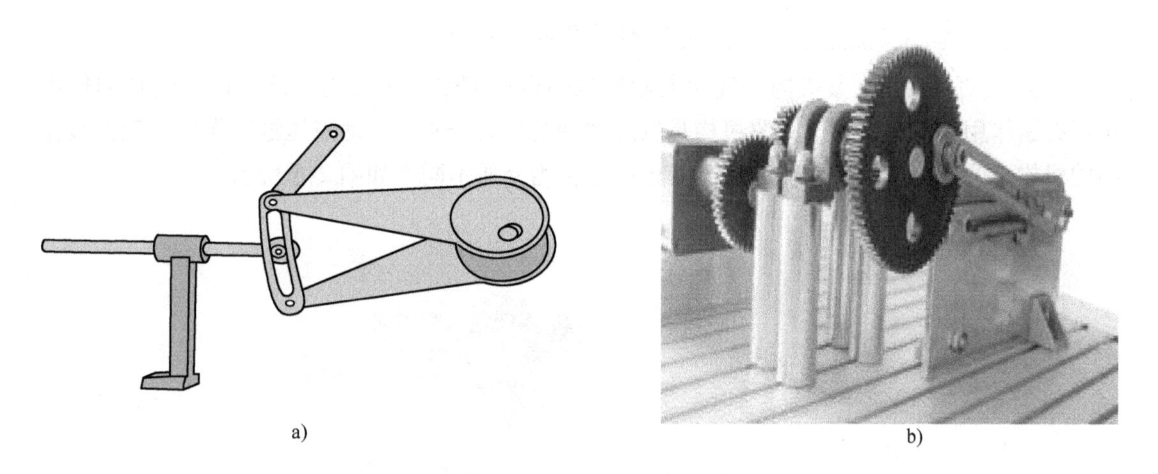

a)　b)

图 2-5　偏心轮夹紧机构

（4）杠杆夹紧机构　杠杆必须由三个点和两个臂组成，如图 2-6 所示。按静力对支点的力矩平衡，可求得对焊件的夹紧力。

杠杆夹紧无自锁作用，在手动夹紧时整个加工过程不能松手，所以手动夹紧只能在夹紧力不大的短时装配或定位焊时使用。杠杆夹紧机构通常与其他机构联合使用，以发挥其增力、快速和改变力作用方向的特点。

（5）杠杆-铰链夹紧机构　杠杆-铰链夹紧机构是由杠杆、连接板及支座相互铰接而成的复合夹紧机构，如图 2-7 所示。

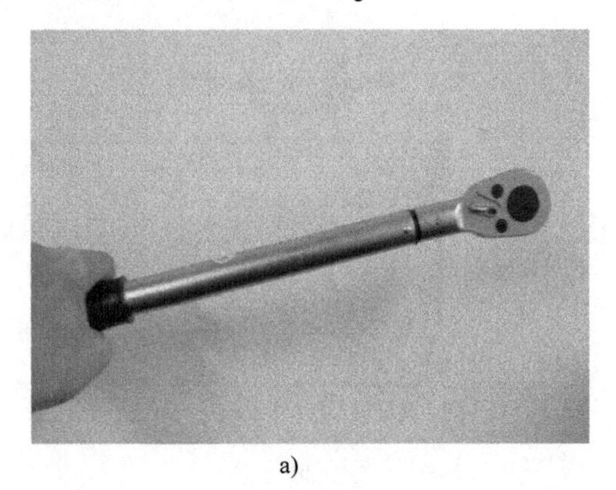
a)

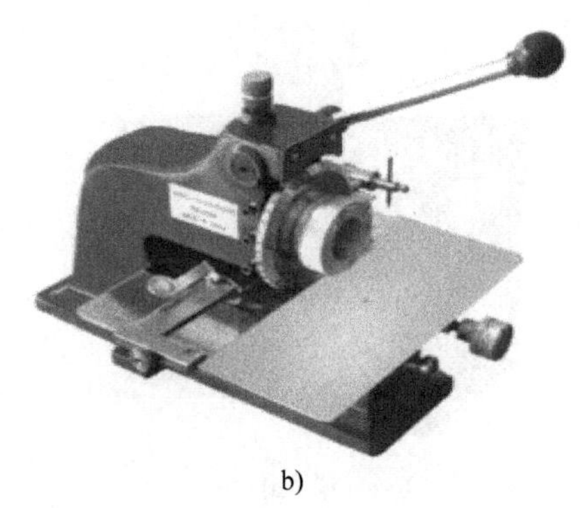
b)

图 2-6　杠杆夹紧机构

a)

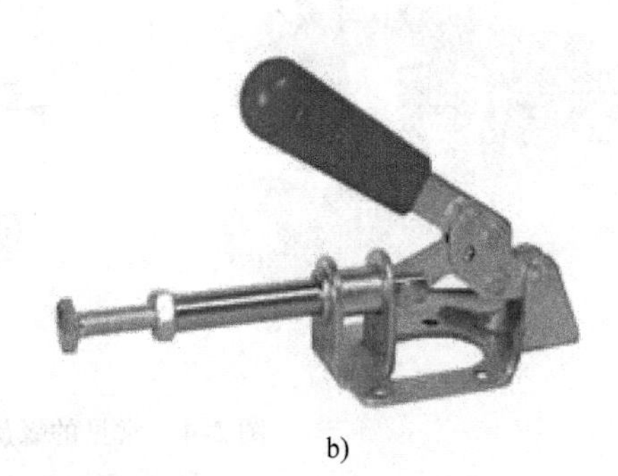
b)

图 2-7　杠杆-铰链夹紧机构

（6）气动与液压夹紧机构　气动夹紧机构是以压缩空气为传力介质、推动气缸动作而实现夹紧作用的机构；液压夹紧机构是以压力油为传力介质、推动液压缸动作以实现夹紧作用的机构。两者的结构和功能相似，其区别是传力介质不同，如图 2-8 所示。

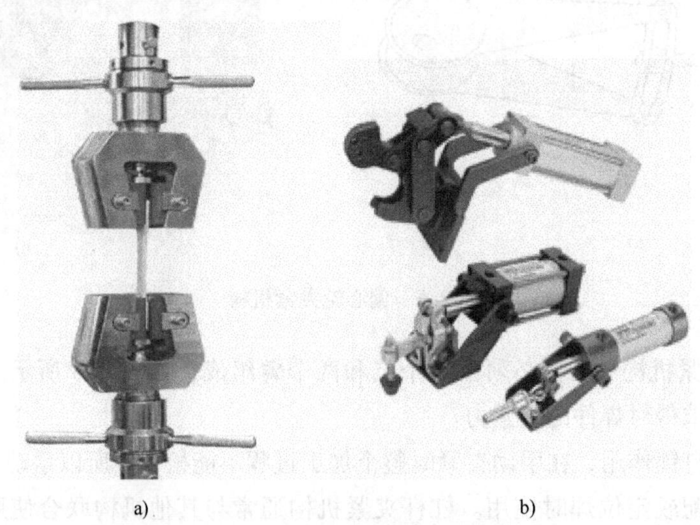
a)　b)

图 2-8　气动与液压夹紧机构

（7）磁力、真空和电动夹紧机构　磁力夹紧机构分永磁式夹紧器和电磁式夹紧器两种。永磁式夹紧器是用各种永久磁铁夹紧焊件的一种器具，其夹紧力有限，但结构简单、经济方便，宜用在夹紧力较小、不受冲击振动的场合。

电磁夹紧器是利用电磁力来夹紧焊件的一种器具，其夹紧力较大。由于供电电源不同，电磁夹紧器分为直流和交流两种。直流电磁夹紧器其电磁铁励磁线圈内通过的是直流电，所建立的磁通是不随时间变化的恒定值，在铁心中没有涡流和磁滞损失，铁心材料可用整块工业纯铁制作，吸力稳定，结构紧凑，在电磁夹紧器中应用较多。交流电磁夹紧器因电磁铁励磁线圈内通过的是交流电，所以磁铁吸力是变化的，工作时易产生振动和噪声，且有涡流和磁滞损耗，结构尺寸较大，故使用较少。

真空夹紧机构是利用真空泵或以压缩空气为动力的喷嘴所射出的高速气流，使夹具内腔形成真空，借助大气压力将焊件压紧的装置。它适用于夹紧特薄或挠性焊件，以及用其他方法夹紧容易引起变形或无法夹紧的焊件，在仪表、电器等小型器件的装焊作业中应用较多。

电动夹紧机构是以电动机为动力源，经减速，再将回转运动变成直线运动对焊件进行夹紧的装置。其传动链长、体积大，在装焊作业中已很少应用。

（8）组合夹具　组合夹具是由一些规格化的夹具元件，按产品装焊要求所拼装成的可拆式夹具。组合夹具的元件分为基础件、支承件、定位件、导向件、压紧件、紧固件、合成件和辅助件等，如图 2-9 所示。

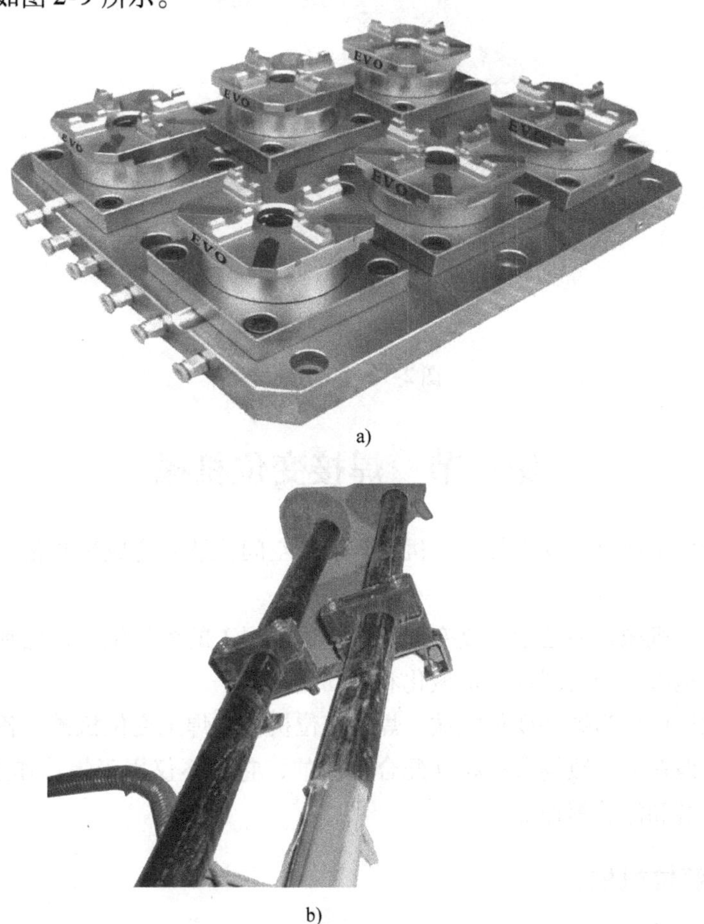


a)

b)

图 2-9　组合夹具

（9）专用夹具　专用夹具是指具有专一用途的焊接工装夹具，它是针对某种特点产品的装配与焊接而专门设计制作的。根据被装焊零件的外形和几何尺寸，在夹具体上按照定位和夹紧的要求，安装不同的定位器和夹紧机构，从而构成专用夹具，如图2-10所示。

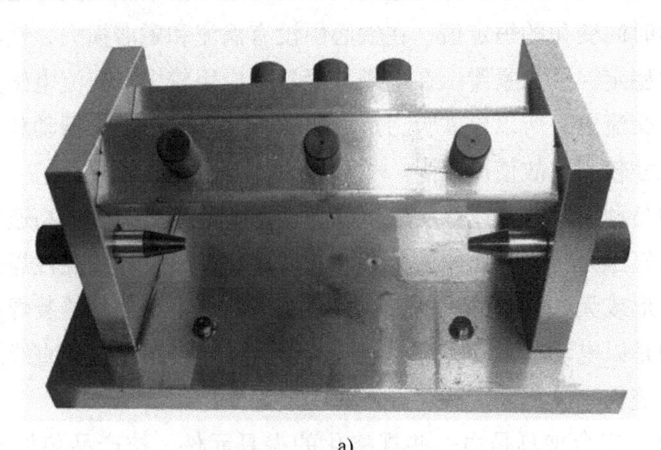

a)

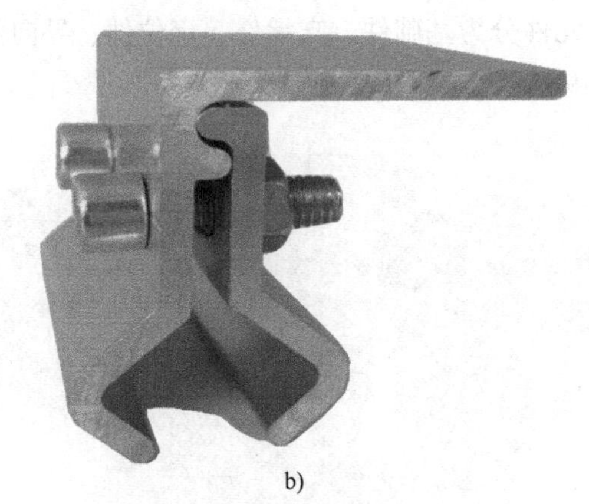

b)

图2-10　专用夹具

# 第三节　焊接变位机械

焊接变位机械是通过改变焊件、焊机或焊工的空间位置来完成机械化、自动化焊接的各种机械设备。

使用焊接变位机械，一是通过改变焊件、焊机或焊工的操作位置，达到和保持施焊位置的最佳状态；二是有利于实现焊接机械化和自动化。

焊接变位机械可分为焊件变位机械、焊机变位机械和焊工变位机械。各类焊接变位机械都可单独使用，但在大多数场合是相互配合使用的，它们不仅用于焊接作业，也用于装配、切割、检验、打磨和涂装等作业。

## 一、焊件变位机械

焊件变位机械是在焊接过程中改变焊件的空间位置，使其有利于作业的各种机械设备。

焊件变位机械按功能不同，可分为变位器、滚轮架、回转台和翻转机等。

**1. 变位器**

变位器是集翻转（或倾斜）和回转功能于一身的焊件变位机械，其翻转和回转机构分别由两根轴驱动，如图2-11所示。夹持焊件的工作台除能绕自身轴线回转外，还能绕另一根轴做倾斜或翻转。变位器可以将焊件上各种位置的焊缝调整到水平或“船形”的易焊位置焊接，故适用于机架、机座、机壳、法兰、封头等非长形焊件的翻转变位。

a)

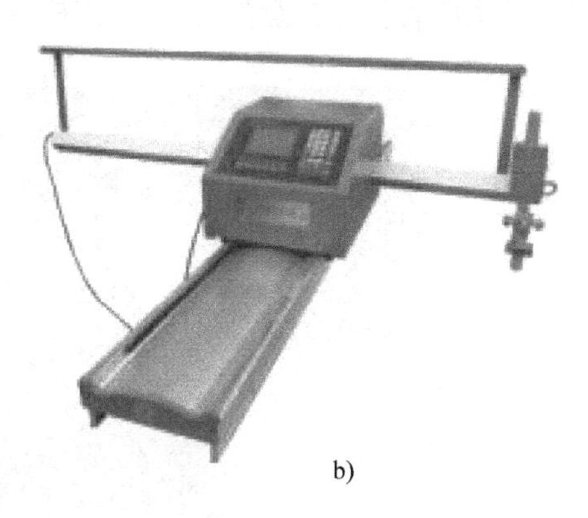

b)

图2-11 变位器

**2. 滚轮架**

滚轮架是借助主动滚轮与工件之间的摩擦力带动筒形工件旋转的焊件变位机械，如图2-12所示。主要用于筒形工件的装配与焊接。根据产品需要，适当调整主、从动轮的高度，还可进行锥体、分段不等径回转体的装配与焊接。

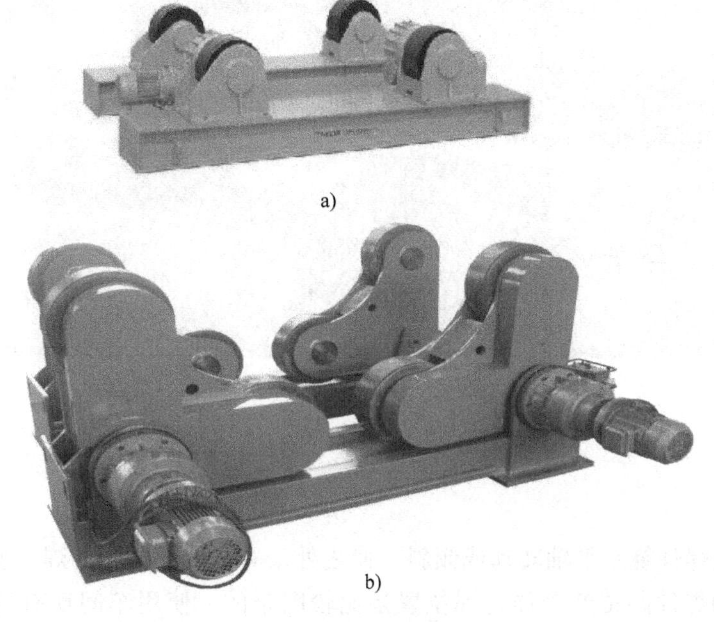

a)

b)

图2-12 滚轮架

**3. 回转台**

回转台是将焊件绕垂直轴或倾斜轴回转的焊件变位机械。其工作台一般处于水平或固定在某一倾角位置，形成专用的变位机械。工作台能保证以焊速回转，且均匀可调。通常回转台适用于高度不大、有环形焊缝的焊接或封头的切割工作。

回转台多采用直流电动机驱动，工作台转速均匀可调，对于大型绕垂直轴旋转的回转台，在其工作台下方，均设有支承滚轮，在工作台上也可进行装配作业。有的工作台还做成中空的，以适应管材与接盘的焊接，如图2-13所示。

a)

b)

图2-13　回转台

**4. 翻转机**

翻转机是将焊件绕水平轴转动或倾斜，使之处于有利装焊位置的焊件变位机械。焊接生产中将沉重的焊件翻转到最佳施焊位置是比较困难的，使用车间现有的起重设备不仅费时，增加劳动强度，还可能出现意外事故。采用翻转机工作可以提高生产效率，改善结构焊接的质量。翻转机主要适用于梁、柱、框架及椭圆形容器等长形工件的装配和焊接。

常见的翻转机有框架式、头尾架式、链式、环式和推举式等多种，如图 2-14 所示。

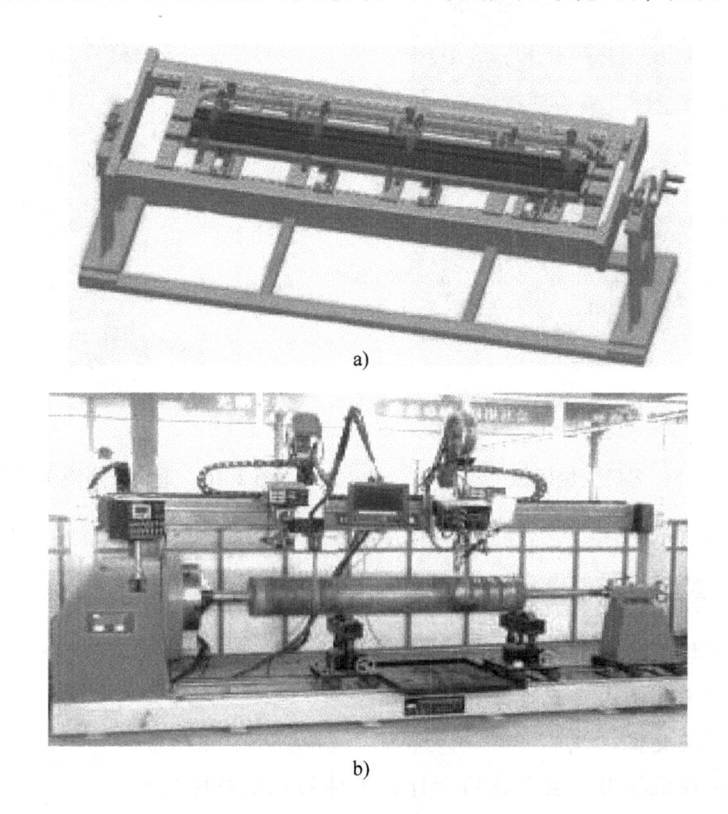

a)

b)

图 2-14　翻转机

## 二、焊机变位机械

焊机变位机械的主要功能是实现焊机或焊机机头的水平移动和垂直升降，使其达到施焊部位，多在大型焊件或无法实现焊件移动的自动化焊接的场合下使用。其适应性决定于它在空间的活动范围，如图 2-15 所示。

## 三、焊工变位机械

焊工变位机械是改变焊工的空间位置，使之在最佳高度进行施焊的设备。它主要用于高大焊件的手工机械化焊接，也用于装配和其他需要等高作业的场合，图 2-16 所示的垂直升降液压焊工升降台即为焊工变位机械。

图 2-15　焊机变位机械

图 2-16　垂直升降液压焊工升降台

【课后练习】

1. 什么是焊接工装夹具？
2. 焊接工装夹具是由哪三部分组成的？
3. 什么是焊接变位机械？
4. 什么是焊接滚轮架？主要应用于什么工件的装配与焊接？

# 焊条电弧焊设备

## 第一节　焊条电弧焊的特点及设备组成

焊条电弧焊是用手工操纵焊条进行焊接的电弧焊方法。焊条电弧焊时，在焊条末端和工件之间燃烧的电弧所产生的高温使焊条药皮与焊芯及焊件熔化，熔化的焊芯端部迅速地形成细小的金属熔滴，通过弧柱过渡到局部熔化的焊件表面，熔合在一起形成熔池。药皮熔化过程中产生的气体和熔渣，不仅使熔池和电弧周围的空气隔绝，而且和熔化的焊芯、母材发生一系列冶金反应，保证所形成焊缝的性能。随着电弧以适当的弧长和速度在焊件上不断地前移，熔池液态金属逐步冷却、结晶，形成焊缝。焊条电弧焊的过程如图 3-1 所示。

图 3-1　焊条电弧焊的过程

### 一、焊条电弧焊的特点

**1. 焊条电弧焊的优点**

（1）使用的焊接设备比较简单　焊条电弧焊使用的交流和直流焊机都比较简单，焊接操作时不需要复杂的辅助设备，只需配备简单的辅助工具。因此，购置设备的投资少，而且维护方便，这是它广泛应用的原因之一。

（2）不需要辅助气体防护　焊条不但能提供填充金属，而且在焊接过程中能够产生保护熔池和焊接处避免氧化的保护气体，并且具有较强的抗风能力。

（3）操作灵活，适应性强　焊条电弧焊适用于焊接单件或小批量的产品，短的和不规则的、空间任意位置的以及其他不易实现机械化焊接的焊缝。凡焊条能够达到的地方都能进行焊接。

（4）应用范围广，适用于大多数工业用的金属和合金的焊接　焊条电弧焊选用合适的焊条不仅可以焊接碳素钢、低合金钢，而且还可以焊接高合金钢及非铁金属，不仅可以焊接同种金属，而且可以焊接异种金属，还可以进行铸铁补焊和各种金属材料的堆焊等。

**2. 焊条电弧焊的缺点**

（1）对焊工操作技术要求高，焊工培训费用大　焊条电弧焊的焊接质量，除取决于焊条、焊接参数和焊接设备外，主要靠焊工的操作技术和经验保证，即焊条电弧焊的焊接质量在一定程度上决定于焊工操作技术。因此，必须经常进行焊工培训，以提高焊工的操作技术，所需要的培训费用很高。

（2）劳动条件差　焊条电弧焊主要靠焊工的手工操作和眼睛观察完成全过程，焊工的劳动强度大，并且始终处于高温烘烤和有毒的烟尘环境中，劳动条件比较差，因此要加强劳动保护。

（3）生产效率低　焊条电弧焊主要靠手工操作，并且焊接参数选择范围较小，另外，焊接时要经常更换焊条，要经常进行焊道焊渣的清理，与半自动和全自动焊相比，焊接生产率低。

（4）不适于特殊金属以及薄板的焊接　对于活泼金属（如 Ti、Nb、Zr 等）和难熔金属（如 Ta、Mo 等），由于这些金属对氧的污染非常敏感，焊条的保护作用不足以防止这些金属氧化，保护效果不够好，焊接质量达不到要求，所以不能采用焊条电弧焊。对于低熔点金属如 Pb、Sn、Zn 及其合金等，由于电弧的温度对其来讲太高，所以也不能采用焊条电弧焊焊接。另外，焊条电弧焊焊接的焊件厚度一般在 1.5mm 以上，1mm 以下的薄板不适于焊条电弧焊。

由于焊条电弧焊具有设备简单、操作方便、适应性强，能在空间任意位置焊接的特点，所以被广泛应用于各个工业领域，是应用最广泛的焊接方法之一。

## 二、焊条电弧焊设备的组成

焊条电弧焊的基本电路由交流或直流弧焊电源、焊钳、焊接电缆、焊条、电弧、工件及地线等组成，如图 3-2 所示。

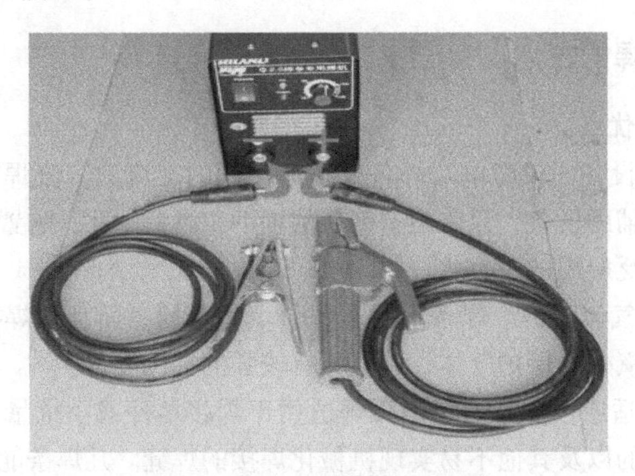

图 3-2　焊条电弧焊的基本电路

用直流电源焊接时，焊件和焊条与电源输出端正、负极的接法，称为极性。焊件接直流电源正极、焊条接负极时，称为正接或正极性；焊件接负极、焊条接正极时，称为反接或反极性。无论采用正接还是反接，主要从电弧稳定燃烧的条件来考虑。不同类型的焊条要求不

同的接法，一般在焊条说明书上都有规定。用交流弧焊电源焊接时，极性在不断变化，所以不用考虑极性接法。

**1. 弧焊电源**

（1）弧焊电源的种类　焊条电弧焊采用的焊接电流既可以是交流也可以是直流，所以焊条电弧焊电源既有交流电源也有直流电源。目前，我国焊条电弧焊用的电源有两大类：交流弧焊变压器和弧焊整流器（包括逆变弧焊电源），前者属于交流电源，后者属于直流电源。常见的交直流弧焊电源如图 3-3 所示。交、直流弧焊电源的特点比较见表 3-1。

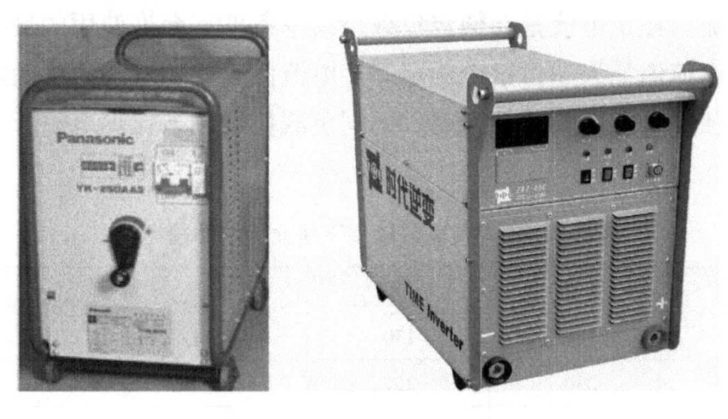


图 3-3　常见的交直流弧焊电源

弧焊变压器用以将电网的交流电变成适于进行电弧焊的交流电。与直流电源相比，具有结构简单、制造方便、使用可靠、维修容易、效率高和成本低等优点，在目前国内焊接生产应用中仍占很大的比例。晶闸管弧焊整流电源引弧容易，性能柔和，电弧稳定，飞溅少，是理想的更新换代产品。

**表 3-1　交、直流弧焊电源的特点比较**

| 项　　目 | 交　　流 | 直　　流 |
|---|---|---|
| 电弧稳定性 | 低 | 高 |
| 极性可换性 | 无 | 有 |
| 磁偏吹影响 | 很小 | 较大 |
| 空载电压 | 较高 | 较低 |
| 触电危险 | 较大 | 较小 |
| 构造和维修 | 较简 | 较繁 |
| 噪声 | 不大 | 整流器小 |
| 成本 | 低 | 高 |
| 供电 | 一般单相 | 一般三相 |
| 质量 | 较轻 | 较重，但逆变电源较轻 |

（2）弧焊电源的选择　焊条电弧焊要求电源具有陡降的外特性、良好的动特性和合适的电流调节范围。选择焊条电弧焊电源应主要考虑以下因素：

1）所要求的焊接电流的种类。

2）所要求的电流范围。

3）弧焊电源的功率。

4）工作条件和节能要求等。

焊接电源的种类有交流、直流或交直流两用，主要根据所使用的焊条类型和所要焊接的焊缝形式进行选择。低氢钠型焊条必须选用直流弧焊电源，以保证电弧稳定燃烧。酸性焊条虽然交、直流均可使用，但一般选用结构简单且价格较低的交流弧焊电源。

其次，根据焊接产品所需的焊接电流范围和实际负载持续率来选择弧焊电源的容量，即弧焊电源的额定电流。额定电流是在额定负载持续率条件下允许使用的最大焊接电流，焊接过程中使用的焊接电流值如果超过这个额定焊接电流值，就要考虑更换额定电流值大一些的弧焊电源或者降低弧焊电源的负载持续率。不同负载持续率下弧焊电源所允许的焊接电流值见表3-2。

**表3-2　不同负载持续率下所允许的焊接电流**

| 负载持续率（%） | 100 | 80 | 60 | 40 | 20 |
|---|---|---|---|---|---|
| 焊接电流/A | 116 | 130 | 150 | 183 | 260 |
| | 230 | 257 | 300 | 363 | 516 |
| | 387 | 434 | 500 | 611 | 868 |

在一般生产条件下，尽量采用单站弧焊电源，在大型焊接车间可以采用多站弧焊电源，但直流弧焊电源需用电阻箱分流而耗电较大，应尽可能少用。弧焊电源用电量较大，应尽可能选用高效节能的电源，如逆变弧焊电源，其次是弧焊整流器、变压器，尽量不用弧焊发电机。

**2. 常用工具和辅具**

焊条电弧焊常用的工具和辅具有焊钳、焊接电缆、面罩、防护服、敲渣锤、钢丝刷和焊条保温筒等。

（1）焊钳　焊钳是用以夹持焊条进行焊接的工具。主要用于夹持和控制焊条，同时也起着从焊接电缆向焊条传导焊接电流的作用。焊钳应具有良好的导电性、不易发热、重量轻、夹持焊条牢固及装换焊条方便等特性，如图3-4所示。

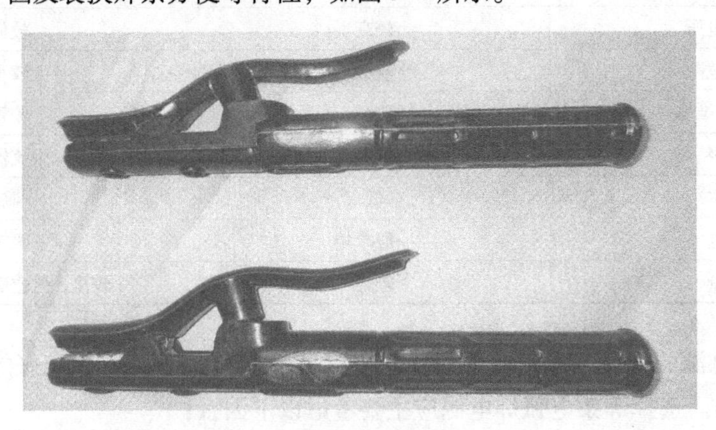

图3-4　焊钳

焊钳分各种规格，以适应各种规格的焊条直径。不同规格的焊钳是以所要夹持的最大直径焊条需用的电流设计的。常用的市售焊钳有300A和500A两种，其技术指标见表3-3。

**表3-3　常用焊钳的技术指标**

| 焊钳型号 | 160A型 | | 300A型 | | 500A型 | |
|---|---|---|---|---|---|---|
| 额定焊接电流/A | 160 | | 300 | | 500 | |
| 负载持续率（%） | 60 | 35 | 60 | 35 | 60 | 35 |
| 焊接电流/A | 160 | 220 | 300 | 400 | 500 | 560 |
| 适用焊条直径/mm | 1.6~4 | | 2~5 | | 3.2~8 | |
| 连接电缆截面积/$mm^2$ | 25~35 | | 35~50 | | 70~90 | |
| 手柄温度/℃ | ≤40 | | ≤40 | | ≤40 | |
| 外形尺寸/mm×mm×mm | 220×70×30 | | 235×80×36 | | 258×86×38 | |
| 质量/kg | 0.24 | | 0.34 | | 0.40 | |

目前一些企业生产了一种不烫手的焊钳产品，它集新型、高效于一体，不改变传统操作习惯，节能、节材60%，与国内外轻型焊钳相比，在重量上下降30%。焊接过程中，手柄温度低（≤11℃），远低于国际标准。这种新型焊钳产品能安全通过的最大电流有300A和500A两种规格，其主要型号及特点见表3-4。

**表3-4　不烫手焊钳的型号及主要特点**

| 型　号 | 主要特点 |
|---|---|
| QY-91 | 焊接电缆线可以从手柄腔内引出，也可以从手柄前的旁置腔引出，使手柄内无高温电缆线，减少手柄热源90%．从而达到不烫手的目的，不影响传统使用习惯 |
| QY-93 | 焊接电缆线紧固接头延伸在手柄尾端后的护套内，采用特殊的结构使手柄内热辐射减少80%．从而达到不烫手的目的，安装电缆线极为省事 |
| QY-95 | 焊钳为三根圆棒形式，设有防电弧辐射热护罩，维修方便，焊钳头部细长，适合各种环境焊接，手柄升温低而不烫手 |

（2）焊接电缆快速插头、快速插接器　它是一种快速方便地连接焊接电缆与焊接电源的装置。其主体采用导电性好并具有一定强度的黄铜加工而成，外套采用氯丁橡胶。具有轻便实用、接触电阻小、无局部过热、操作简单、连接快、拆卸方便等特点。常用的快速插头、快速插接器的型号规格见表3-5，其结构如图3-5所示。

**表3-5　常用的电缆快速插头、快速插接器的型号、规格**

| 名　称 | 型号规格 | 额定电流/A | 用　途 |
|---|---|---|---|
| 焊接电缆快速插头 | DKJ-16 | 100~160 | 由插头、插座两部件组成．能随意将电极连接在弧焊电源上，螺旋槽端面接触，符合国家标准GB 15579.12—1998的规定 |
| | DKJ-35 | 160~250 | |
| | DKJ-50 | 250~310 | |
| | DKJ-70 | 320~400 | |
| | DKJ-95 | 400~630 | |
| | DKJ-120 | 630~800 | |

（续）

| 名　　称 | 型号规格 | 额定电流/A | 用　　途 |
|---|---|---|---|
| 焊接电缆快速插接器 | DKL-16 | 100～160 | 能随意连接两根电缆，螺旋槽端面接触，符合国家标准。系国家专利产品，专利号为 ZL85201436.8 |
| | DKL-35 | 160～250 | |
| | DKL-50 | 250～310 | |
| | DKL-70 | 320～400 | |
| | DKL-95 | 400～630 | |
| | DKL-120 | 630～800 | |

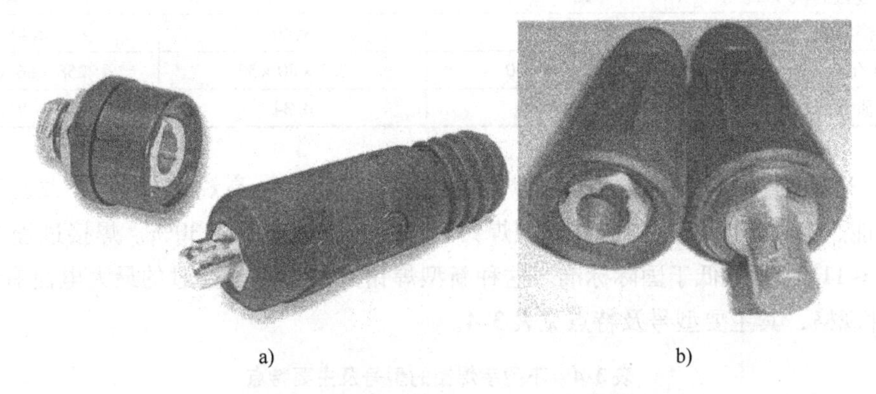

a)　　b)

图 3-5　常用的快速插头、快速插接器

a）焊接电缆快速插头　b）焊接电缆快速插接器

（3）接地夹钳　接地夹钳是将焊接导线或接地电缆接到焊件上的一种器具。接地夹钳必须能形成牢固的连接，又能快速且容易地夹到焊件上。对于低负载率来说，弹簧夹钳比较合适。使用大电流时，需要用螺纹夹钳，以使夹钳不过热并形成良好的连接。

（4）焊接电缆　利用焊接电缆将焊钳和接地夹钳接到电源上。焊接电缆是焊接回路的一部分，除要求应具有足够的导电截面以免过热而引起导线绝缘破坏以外，还必须耐磨和耐擦伤，应柔软易弯曲，具有最大的挠度，以便焊工容易操作，减轻劳动强度。焊接电缆应采用多股细铜线电缆，一般可选用电焊机用 YHH 型橡套电缆或 YHHR 型橡套电缆。焊接电缆的截面积可根据焊机的额定焊接电流进行选择，焊接电缆截面与电流、电缆长度的关系见表 3-6。

**表 3-6　焊接电缆截面与电流、电缆长度的关系**

| 额定电流/A | 电缆长度/m | | | | | | |
|---|---|---|---|---|---|---|---|
| | 20 | 30 | 40 | 50 | 60 | 70 | 80 |
| | 电缆截面积/$mm^2$ | | | | | | |
| 100 | 25 | 25 | 25 | 25 | 25 | 25 | 25 |
| 150 | 35 | 35 | 35 | 35 | 50 | 50 | 60 |
| 200 | 35 | 35 | 35 | 50 | 60 | 70 | 70 |
| 300 | 35 | 50 | 60 | 60 | 70 | 70 | 70 |
| 400 | 35 | 50 | 60 | 70 | 85 | 85 | 85 |
| 500 | 50 | 60 | 70 | 85 | 95 | 95 | 95 |

（5）面罩及护目玻璃　面罩及护目玻璃是为防止焊接时的飞溅物、强烈弧光及其他辐射对焊工面部及颈部灼伤的一种遮蔽工具，有手持式和头盔式两种。护目玻璃安装在面罩正面，用来减弱弧光强度，吸收由电弧发射的红外线、紫外线和大多数可见光线。焊接时，焊工通过护目玻璃观察熔池的情况，正确掌握和控制焊接过程，避免眼睛受弧光灼伤。

护目玻璃有各种色泽，目前以墨绿色的为多，为改善防护效果，受光面可以镀铬。护目玻璃的颜色有深浅之分，应根据焊接电流大小、焊工年龄和视力情况来确定，护目玻璃色号、规格选用见表 3-7。护目玻璃外侧应加一块同尺寸的一般玻璃，以防止金属飞溅的污染。

**表 3-7　焊工护目玻璃镜片选用表**

| 护目玻璃色号 | 颜色深浅 | 适用焊接电流/A | 尺寸/mm |
|---|---|---|---|
| 7～8 | 较浅 | ≤100 | (2～3.8)×50×108 |
| 9～10 | 中等 | 100～350 | |
| 11～12 | 较深 | ≥350 | |

目前，应用现代微电子技术和现代光控技术研制而成的光控电焊面罩深受焊工的欢迎，焊接时，光控护目镜片可根据弧光的发生，瞬间自动变暗，弧光熄灭，瞬间自动变亮，非常方便焊工的操作。它将逐步取代老式面罩。这种面罩的主要功能是：有效防止电光性眼炎；瞬时自动调光、遮光；防红外线、防紫外线；彻底解决盲焊问题，省时、省力，方便焊接操作。但这种面罩价格较贵，使用时要多注意保护护目镜片。

光控电焊面罩在焊接过程中的特点是：焊接未起弧时，光电控制系统处于待控制状态，光阑滤光玻璃（护目镜）呈亮态，能清晰地看清焊接表面，具有最大透光度。起弧时，光敏件接受光强的变化，触发控制光阀由亮态在瞬间自动完成调光、遮光，光阑滤光玻璃（护目镜）呈暗态，保证最佳视觉条件。当焊接结束后，光阑滤光玻璃又自动返回待控状态，光阑滤光玻璃呈亮态，可以清晰地观察焊接效果，从而能有效地控制电光性眼炎的发病率，大大提高了焊接质量和工作效率，减少焊机空载耗电时间，节省电能。表 3-8 为 GSZ 型光控电焊面罩主要技术指标，图 3-6 为面罩的护目镜示意图。GSZ 型面罩有 3 大系列：GSZ-A 为手持式、GSZ-B 为头盔式，GSZ-C 为安全帽式。

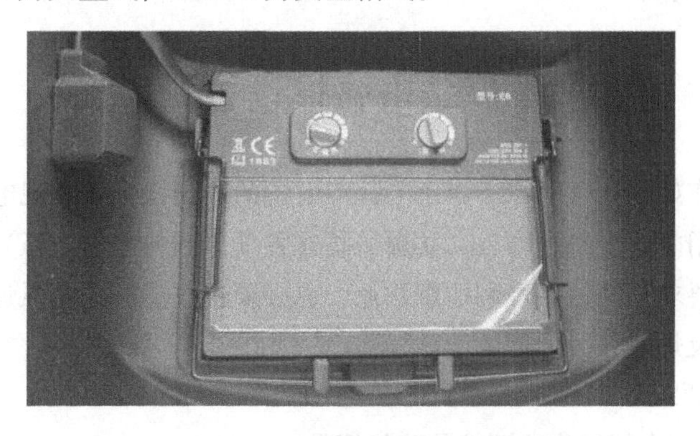

图 3-6　光控面罩的护目镜

表 3-8 GSZ 型光控电焊面罩主要技术指标

| 项目 | | 技术指标 |
|---|---|---|
| 观察窗口尺寸 | | 90mm×40mm |
| 滤光玻璃（护目玻璃）尺寸 | | 96mm×48mm |
| 自动调光滤光 | | 0.012s |
| 亮态滤光号 | | 4（可见光透过率 8%） |
| 紫外线透过率 | 波长范围 210～365nm | <0.0002% |
| 红外线透过率 | 波长范围 780～1300nm | <0.0002% |
| | 波长范围 1300～2000nm | <0.0002% |
| 暗态遮光号 | | 6 号、11 号、14 号 |
| 自动变态响应时间 | | <0.03s |
| 电源电压 | | 3V |
| 面罩壳燃烧速度 | | <50mm/min |
| 工作温度 | | -5～50℃ |
| 相对湿度 | | ≤90% |
| 面罩质量 | | 500g |
| 规格尺寸 | | 符合 GB/T 3609.1—2008 标准 |

（6）焊条保温筒　焊条保温筒是焊工焊接操作现场必备的辅具，携带方便。将已烘干的焊条放在保温筒内供现场使用，起到防黏泥土、防潮、防雨淋等作用，能够避免焊接过程中焊条药皮的含水率上升。

（7）防护服　为了防止焊接时触电及被弧光和金属飞溅物灼伤，焊工焊接时，必须戴皮革手套、工作帽，穿好白帆布工作服、脚盖、绝缘鞋等。焊工在敲渣时，应戴有平光眼镜。

（8）其他辅具　焊接中的清理工作很重要，必须清除焊件和前层熔敷的焊缝金属表面上的油垢、焊渣和对焊接有害的任何其他杂质。为此，焊工应备有角向磨光机、钢丝刷、清渣锤、扁铲和锉刀等辅具。另外，在排烟情况不好的场所焊接作业时，应配有电焊烟雾吸尘器或排风扇等辅助器具。

## 第二节　焊条电弧焊设备操作规程

焊条电弧焊操作如图 3-7 所示，焊条电弧焊设备的安全操作是常规电弧焊设备安全操作规程的基础，涉及用电、设备、防火、防爆、防有害气体和粉尘、防弧光辐射等种种安全要求，这些基础安全要求在其他弧焊和切割作业中也必须遵守。焊条电弧焊设备安全操作分为焊前、焊接过程中及焊后三个方面的安全操作。

（1）焊前准备要求

1）必须穿戴好符合焊接作业要求的防护用品。

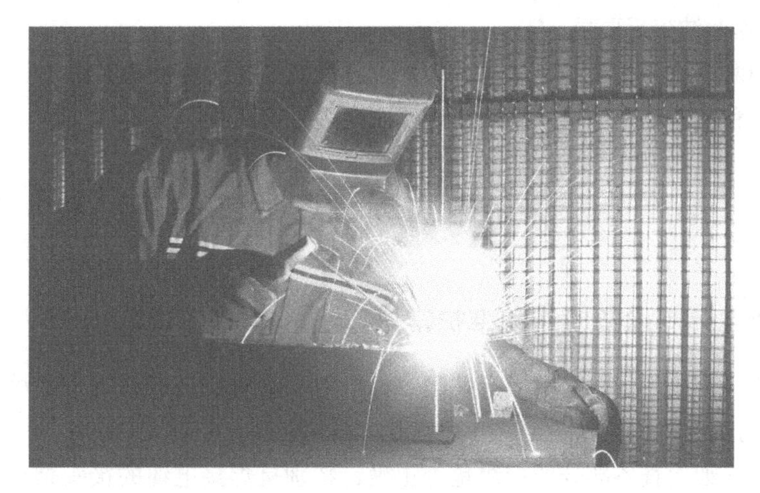

图 3-7　焊条电弧焊操作

2）在距工作场所 10m 以内清除一切易燃、易爆物品，人员密集场所应设置遮光板。

3）应检查焊机接线的正确性和接地的可靠性。接地电阻应小于 4Ω，固定螺栓大于等于 M8。

4）禁止焊接密封容器、带压容器和带电（指非焊接用电）设备。

5）焊机应有容量符合要求的专用独立电源开关，超载时能自动切断电源。

6）电源控制装置应置于焊机附近便于人手操作处，周围应有安全通道。

7）焊机的电源线长度为 2～3m，需接长电源线时应符合与周边物体绝缘要求，且必须离地 2.5m 以上。

8）焊机二次线必须使用专用焊接电缆，严禁用其他金属物代替，禁止用建筑物上的金属构架和设备作为焊接电源回路。

9）露天作业时，焊机应有遮阳和防雨、雪安全措施。

（2）焊接过程中要求

1）切断和闭合焊机电源时，要戴电焊手套侧身、侧脸操作；室内作业时应有通风、除尘装置，狭小场所作业应有安全措施保证。

2）焊钳不得乱放，禁止将热焊钳浸水冷却。

3）焊接电缆外皮必须绝缘良好，绝缘电阻不小于 1MΩ。

4）焊接电缆需接长时应使用专用连接器，保证绝缘良好，且接头数不宜超过两个。

5）应按额定电流和额定负载持续率使用焊机，严禁超载。

6）焊机发生故障时应立即切断电源，由专职电工检修，焊工不得擅自处理。改变焊机接头、焊机移动及检修时，均须在切断电源后进行。

7）在容器或管道内焊接时应设专人在外监护。

8）距高压线 3m 或低压线 1.5m 范围内作业时，输电线必须暂停供电，并在配电箱箱盖上悬挂“有人作业，严禁合闸”标志，方可开始工作。

9）焊接作业过程中焊工因出汗衣服潮湿时，不宜倚扶或坐在焊件上休息。

（3）焊接作业结束后要求

1）立即切断电源，整理好电缆线，做好设备及场地的文明生产工作。

2）清除火种及消除其他事故隐患，确保安全后方可离场。

# 第三节　焊条电弧焊设备的维护与保养

## 一、焊条电弧焊设备使用和维护常识

1）使用前必须按产品说明书或有关国家标准对弧焊电源进行检查，并尽可能详细地了解基本原理，为正确使用建立一定的知识基础。

2）焊前要仔细检查各部分的接线是否正确，特别是焊接电缆的接头是否拧紧，以防过热或烧损。

3）弧焊电源接入电网后或进行焊接时，不得随意移动或打开机壳的顶盖。

4）空载运转时，首先听其声音是否正常，再检查冷却风扇运转是否正常，旋转方向是否正确。

5）机内要保持清洁，定期用压缩空气吹净灰尘，定期通电和检查维修。

6）要建立管理、使用制度。

## 二、焊条电弧焊设备的维护及故障排除

### 1. 弧焊变压器的日常维护保养及故障排除

（1）弧焊变压器的日常维护保养

1）保持弧焊接变压器的清洁，经常用干燥的压缩空气清除内部的灰尘。

2）弧焊变压器的周围不允许堆放导电物体，以免造成短路和触电事故。

3）经常检查电源线和焊接电缆接头是否接触良好。

4）经常检查电源线和焊接电缆接头上的防护罩是否完好，防止触电事故的发生。

5）当弧焊变压器出现故障时，应立即切断电源，及时检修。

（2）弧焊变压器的常见故障及排除方法　弧焊变压器的常见故障及排除方法见表3-9。

**表3-9　弧焊变压器的常见故障及排除方法**

| 故障特征 | 可能产生的原因 | 消除方法 |
|---|---|---|
| 焊机过热 | 1. 焊机过载<br>2. 变压器绕阻短路<br>3. 铁心螺杆绝缘破坏 | 1. 减小焊接电流<br>2. 更换或重绕绕阻<br>3. 恢复铁心螺杆的绝缘 |
| 焊接过程中电流忽大忽小 | 1. 焊接回路连接处接触不良<br>2. 可动铁心随焊机振动而移动 | 1. 检查接触处，使接触可靠<br>2. 加固可动铁心，防止铁心移动 |
| 焊机振动及响声不正常 | 1. 铁心叠片的紧固螺栓未旋紧<br>2. 绕组碰壳短路<br>3. 动、定铁心间隙过大 | 1. 检查并消除绕组碰壳处<br>2. 消除碰壳现象<br>3. 铁心重新叠片 |

（续）

| 故障特征 | 可能产生的原因 | 消除方法 |
|---|---|---|
| 焊机外壳带电 | 1. 一次绕组或二次绕组碰壳<br>2. 电源线或焊接电缆碰到外壳<br>3. 焊机外壳未接地或接触不良 | 1. 检查并消除绕组碰壳处<br>2. 消除碰壳现象<br>3. 接妥地线 |
| 焊接电流过小或过大 | 1. 焊接电缆过细过长、压降太大<br>2. 焊接电缆卷成盘形，电感太大<br>3. 电抗绕组损坏<br>4. 电缆接线柱与焊件接触不良<br>5. 铁心绝缘破坏，涡流增大 | 1. 减小电缆长度或加大直径<br>2. 将电缆放开，不使它成盘状<br>3. 切断电源，检查并修复电抗绕组<br>4. 使接触处接触良好<br>5. 检查磁路绝缘状况，排除故障 |
| 熔丝经常烧断 | 1. 电源线有短路或接地<br>2. 一次或二次绕组短路 | 1. 检查电源线，消除短路<br>2. 更换绝缘材料或重绕绕阻 |

**2. 弧焊整流器的维护保养及故障排除**

（1）弧焊整流器的维护保养

1）弧焊整流器应安装在干燥通风的地方，有利于硅整流元件的散热。

2）保持弧焊整流器清洁，经常用干燥的压缩空气清除其灰尘。

3）弧焊整流器的周围不允许堆放导电物体，以免造成短路和触电事故。

4）经常检查电源线和焊接电缆接头是否接触良好。

5）经常检查电源线和焊接电缆接头上的防护罩是否完好，防止触电事故的发生。

6）当弧焊整流器出现故障时，应立即切断电源及时检修。

（2）弧焊整流器的常见故障及排除方法

弧焊整流器的常见故障及排除方法见表3-10。当硅整流元件损坏时，必须待故障排除后才能更换新元件。

**表3-10　弧焊整流器的常见故障及排除方法**

| 故障特征 | 可能产生的原因 | 消除方法 |
|---|---|---|
| 焊机空载电压太低 | 1. 网路电压过低<br>2. 变压器一次绕组匝间短路<br>3. 交流接触器接触不良<br>4. 硅元件损坏 | 1. 调整电源电压至额定值<br>2. 检修变压器绕阻<br>3. 更换或修复<br>4. 更换硅元件 |
| 焊接电流调节失灵<br>调不出大电流 | 1. 控制绕组接反或匝间短路<br>2. 焊接电流控制器接触不良<br>3. 控制整流元件击穿<br>4. 控制电路整流器极性接反 | 1. 纠正接线，消除短路现象<br>2. 使电流控制器接触良好<br>3. 更换元件<br>4. 纠正接线 |
| 焊接电流不稳定 | 1. 主回路交流接触器抖动<br>2. 风压开关抖动<br>3. 控制电路接触不良<br>4. 稳压器补偿线圈匝数不合适 | 1. 检修接触器<br>2. 消除抖动<br>3. 使其接触良好<br>4. 调整补偿线圈匝数 |

（续）

| 故障特征 | 可能产生的原因 | 消除方法 |
|---|---|---|
| 风扇电动机不转 | 1. 熔断器烧断<br>2. 电动机引线或绕组断线<br>3. 开关接触不良<br>4. 起动电容接触不良或损坏 | 1. 更换熔断器<br>2. 接线或修复电动机<br>3. 修复或更换开关<br>4. 修复或更换起动电容 |
| 焊接时焊接电压突然降低 | 1. 主回路全部或部分产生短路<br>2. 整流元件击穿<br>3. 控制回路短路<br>4. 三相熔断器断一相 | 1. 修复线路<br>2. 更换元件，检查保护线路<br>3. 检修控制回路<br>4. 更换熔断器 |
| 焊机外壳带电 | 1. 电源线误碰罩壳<br>2. 变压器、电抗器、风扇及控制线路元件等碰壳<br>3. 未接地线或接地线不良 | 1. 检查并消除碰壳现象<br>2. 消除碰壳现象<br>3. 接妥地线 |

# 第四节　焊条电弧焊设备安全与防护技术

焊条电弧焊操作时，必须注意安全与防护，安全与防护技术主要有防止触电、弧光辐射、火灾、爆炸和有毒气体与烟尘中毒等。

## 一、防止触电

弧焊电源是电气设备，如不加注意或不采取必要的安全措施，常易发生设备、人身事故，以致造成不可挽救的损失，故应设法避免。

保护人身安全的措施：弧焊电源的空载电压一般达60～90V，而焊工往往需在高湿度的现场操作，极容易触电。尤其在高空作业和金属容器内施焊时危险性更大。流经人体心脏的电流，只要达到数毫安就有生命危险。避免触电一般有下述方法：

**1. 避免接触带电器件**

1）弧焊电源的带电端钮应加保护罩。

2）弧焊电源的带电部分与机壳之间应有良好的绝缘。

3）连接焊钳的导线不许用裸线，应采用绝缘导线，焊钳本身应有良好的绝缘。

**2. 限制人所能接触到的电压**

有时人难免要接触到某些带电物体，因而只有限制这些带电体的电压，才能确保安全。例如，规定了弧焊电源空载电压的最大允许值；要求控制电路的交流电压不得大于36V，直流电压不得大于48V；行灯电压不得大于12V。

**3. 增大绝缘电阻**

人体电阻主要在皮肤，电阻值与皮肤是否干燥有关，夏天由于出汗使人体电阻大为降低，易发生触电危险。此外，人体电阻还与健康情况、精神状态、情绪高低有关。增大绝缘

电阻有许多方法，如接触高压时带橡皮手套；进行焊条电弧焊时带皮手套；雨天野外工作时穿胶鞋；坐下工作时应坐木凳；在金属容器内工作时戴橡皮帽等。

**4. 机壳接地或接零**

在正常情况下，机壳不带电。但弧焊电源内部带电部分与机壳间的绝缘有可能被击穿，而发生碰壳，使机壳带电。为保证人身安全应采取如下措施：

（1）接地保护电网中点不接地的应采用接地保护，即通过机壳上的接地螺钉与地线相联。可利用地下水管或金属构架（但不可用地下气体管道，以免引起爆炸）作为地线。最好是安装接地极，它可用金属管（壁厚大于3.5mm，直径大于25mm，长度大于2m）或用扁铁（厚度大于4mm，截面积大于48mm$^2$，长度大于2m），埋于地下的深度为0.5m以上。

（2）保护接零这类电网是三相四线制，机壳应通过接地螺钉接到中线上。当产生碰壳时，经中线与机壳会流过很大的短路电流，使接到弧焊电源的熔丝立即烧断，而将其从电网切除。

## 二、防止弧光辐射

焊接电弧强烈的弧光和紫外线对眼睛和皮肤有损害。焊条电弧焊时，必须使用带弧焊护目镜片的面罩，并穿工作服，戴电焊手套。多人焊接操作时，要注意避免相互影响，须设置弧光防护屏或采取其他措施，避免弧光辐射的交叉影响。

要隔绝火星。在6级以上大风时，若没有采取有效的安全措施，不能进行露天焊接作业和高空作业，焊接作业现场附近应有消防设施。电焊作业完毕应拉闸断电，并及时清理现场，彻底消除火种。

## 三、防止火灾

在焊接作业点火源10m以内、高空作业下方和焊接火星所及范围内，应彻底清除有机灰尘、木材、木屑、棉纱、干草、石油、汽油、油漆等易燃易爆物品。如有不能清除的易燃物品，如木材、未拆除的隔热保温的可燃材料等，应采取可靠的安全措施，如用水喷湿，覆盖湿麻袋、石棉布等。

## 四、防止爆炸

在焊接作业点10m以内，不得有易爆物品，在油库、油品室、乙炔站、喷漆室等有爆炸性混合气体的室内，严禁焊接作业。没有特殊措施时，不得在内有压力的压力容器和管道上焊接。在补焊装过易燃易爆物品的容器前，要将盛装的物品放尽，并用水、水蒸气或氮气置换，清洗干净；用测爆仪等仪器检验分析气体介质的浓度；焊接作业时，要打开盖口，操作人员要躲离容器孔口。

## 五、防止有毒气体和烟尘中毒

焊条电弧焊时会产生可溶性氟、氟化氢、锰、氮氧化物等有毒气体和粉尘，会导致氟中毒、锰中毒、电焊尘肺等，尤其是碱性焊条在容器、管道内部焊接时粉尘更加严重。因此，

要根据具体情况采取全面通风换气、局部通风、小型电焊排烟机组等通风排烟尘措施。

【课后练习】

1. 焊条电弧焊的主要优点有哪些？
2. 焊条电弧焊设备的基本组成是什么？
3. 焊条电弧焊设备使用和维护的一般常识有哪些？
4. 弧焊整流器在工作时，如果焊接电流不稳定可能是什么原因引起的？

# 第四章 惰性气体保护焊设备

## 第一节　惰性气体保护焊简介

惰性及混合气体保护焊是气体保护焊大类中的一种重要方法。采用惰性气体氩气、氦气或在惰性气体中加入其他的气体作为混合保护气体，利用电极之间产生的电弧热作为热源的电弧焊方法。它包括钨极惰性气体保护焊（TIG）和熔化极气体保护焊（GMAW）。两者的差别在于所用的电极不同，前者用的是非熔化电极钨棒，后者用的是熔化电极焊丝。

TIG 焊能获得焊接质量优良的焊缝，它的缺点是焊接能量有限，不适合焊接厚件，尤其是导热性能较强的金属。为了克服这一缺点，1948 年产生了熔化金属极惰性气体保护电弧焊（MIG），这种方法利用金属焊丝作为电极，电弧产生在焊丝和工件之间，焊丝不断送进，并熔化过渡到焊缝中去。因此这种方法所用焊接电流可大大提高，适合于中、厚板的焊接。

惰性气体保护焊主要用于铝及其合金，铜及其合金，钛及其合金等非铁金属的焊接；在气体保护电弧焊初期，使用的主要是单一气体；如氩气（Ar）和氦气（He），后来发现在一种气体中加入一定分量的另一种或两种气体后，可以分别在细化熔滴、减少飞溅、提高电弧的稳定性、改善熔深以及提高电弧的温度等方面获得满意的效果。常用的混合气体有：1）Ar + He。广泛用于大厚度铝板及高导热材料的焊接，以及不锈钢的高速机械化焊接。2）$Ar + H_2$。利用混合气体的还原性来焊接镍及其合金，可以消除镍焊缝中的气孔。3）$Ar + O_2$ 混合气体（$O_2$ 量为 1%）。特别适用于不锈钢 MIG 焊接，能克服单独用氩气时的阴极飘移现象。4）$Ar + CO_2$ 或 $Ar + CO_2 + O_2$。适于焊接低碳钢和低合金钢，焊缝成形、接头质量以及电弧稳定性和熔滴过渡都非常满意。活性混合气体保护焊主要用于高强钢、高合金钢的焊接。

## 第二节　钨极氩弧焊设备

### 一、钨极氩弧焊特点及设备组成

#### 1. 钨极氩弧焊工作原理

钨极氩弧焊又称 TIG 焊，利用钨极与焊件之间产生的电弧热来熔化附加的填充焊丝或自动给送的焊丝（也可不加填充焊丝）及基本金属，形成熔池而形成焊缝。焊接时，氩气流从焊枪喷嘴中连续喷出，在电弧区形成严密的保护气层，将电极和金属熔池与空气隔离，以形成优质的焊接接头。

图 4-1 所示为 TIG 焊的焊接原理。焊接时，惰性气体 5 从焊枪的喷嘴 4 中连续喷出，在电弧周围形成气体保护层隔绝空气，以防止对钨极 1、熔池及邻近热影响区的有害影响，从而获得优质焊缝 7。薄板焊接一般不需要填充金属。厚板焊接需填充金属时，把焊丝 6 从旁边不断送入焊接区，靠电弧热熔入熔池而成为焊缝金属的组成部分。

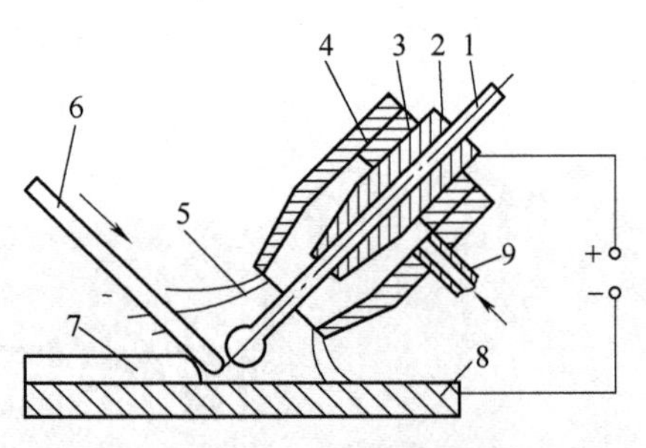


图 4-1 TIG 焊的焊接原理
1—钨极 2—导电嘴 3—绝缘套 4—喷嘴
5—氩气流 6—焊丝 7—焊缝
8—母材 9—进气管

**2. 钨极氩弧焊分类**

按照钨极氩弧焊工艺的基本特征可进行如下分类。

（1）按照保护气体的成分分类

1）氩弧焊。

2）氦弧焊。

3）混合气体保护焊（主要是氩和氦气的组合，有时也加入一些其他气体，如氢气）。

（2）按照电流的种类分类

1）直流 TIG 焊。

2）交流 TIG 焊。按照波形的状态又可分为正弦波氩弧焊和矩形（方波）氩弧焊两种。

3）脉冲 TIG 焊按照脉冲频率的大小又可分为低频氩弧焊（0.1 ~ 10Hz）、中频氩弧焊（10 ~ 15kHz）和高频氩弧焊（>15kHz）三种。

（3）按照送丝的状态分类

1）冷丝焊。

2）热丝焊。

3）双丝焊。

（4）按照自动化程度分类

1）手工 TIG 焊。手工 TIG 焊时，焊工一手握焊枪，另一手持焊丝，随焊枪的摆动而前进，逐渐将焊丝填入熔池之中。有时也不加填充焊丝，仅将接口边缘熔化后形成焊缝。在实际生产中，手工 TIG 焊应用最广。

2）自动 TIG 焊。自动钨极氩弧焊是以传动机构带动焊枪行走，送丝机构尾随焊枪进行连续送丝的焊接方式。

**3. 钨极氩弧焊的特点及应用**

（1）优点

1）焊接质量好。氩气是惰性气体，不与金属起化学反应，合金元素不会氧化烧损，也不溶解于金属。焊接过程基本上是金属熔化和结晶的简单过程，保护效果好，能获得高质量的焊缝。

2）适应能力强。采用氩气保护无熔渣，填充焊丝不通过电流，不产生飞溅，焊缝成形美观；电弧稳定性好，即使在很小的电流（<10A）下仍能稳定燃烧，且热源和填充焊丝可分别控制，热输入容易调节，所以特别适合薄件、超薄件（<0.1mm）及全位置焊接（如管道对接）。

（2）缺点

1）熔深浅，熔敷效率低，焊接生产率低。

2）钨极载流能力有限，过大的电流会引起钨极熔化和蒸发，过大的颗粒会进入焊缝，造成对焊缝的污染。

3）野外焊接时，需采取防风装置。

4）惰性气体较贵，焊接成本高。

**4. 钨极氩弧焊焊机的结构**

（1）TIG焊机的组成　典型的手工钨极氩弧焊设备由焊接电源、控制部分、送气系统、冷却系统和焊枪等部分组成，如图4-2所示。

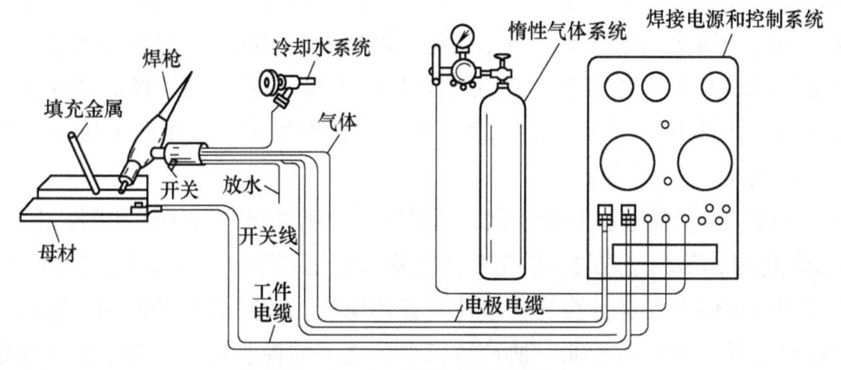


图4-2　手工钨极氩弧焊设备

自动TIG焊机比手工TIG焊机多一个焊枪移动装置和一个送丝机构，通常两者结合在一台可行走的焊接机头（小车）上。图4-3是焊枪与导丝嘴在焊接小车上的相对位置。图4-4是自动TIG焊焊枪与导丝嘴的实物图，焊丝通过导丝嘴，以一定的速度的送入焊接区域，在电弧的热量作用下过渡到熔池当中。自动送丝TIG焊加大了送丝的效率，具有良好的对中性，焊丝可达性好。若采用焊丝加热电路，即采用热丝TIG焊，则能显著提高熔敷效率，但由于磁偏吹的影响，一般填丝系统需采用交流电源，焊丝直径一般不宜选择过大，另外采用短弧焊接可以避免电弧的偏移。

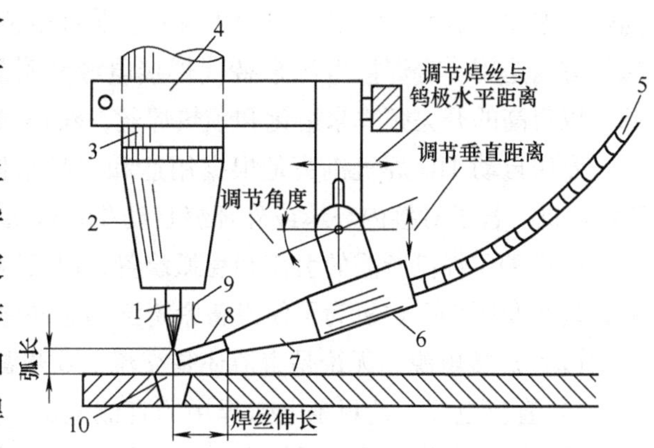


图4-3　自动TIG焊焊枪与导丝嘴的调节

1—钨极　2—喷嘴　3—焊枪体
4—焊枪夹　5—焊丝导管　6—导丝装置
7—导丝嘴　8—焊丝　9—保护气体　10—熔池

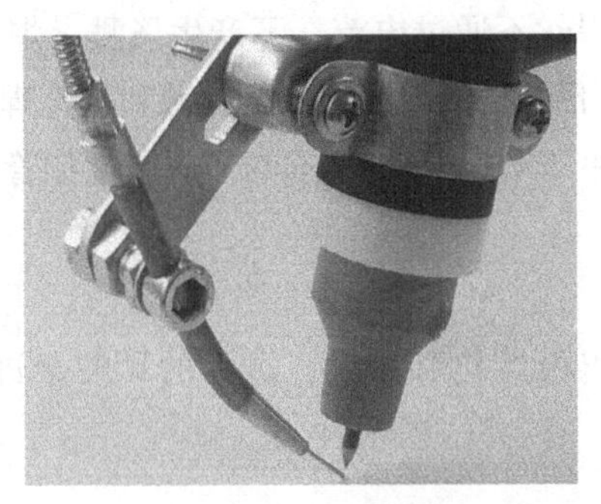

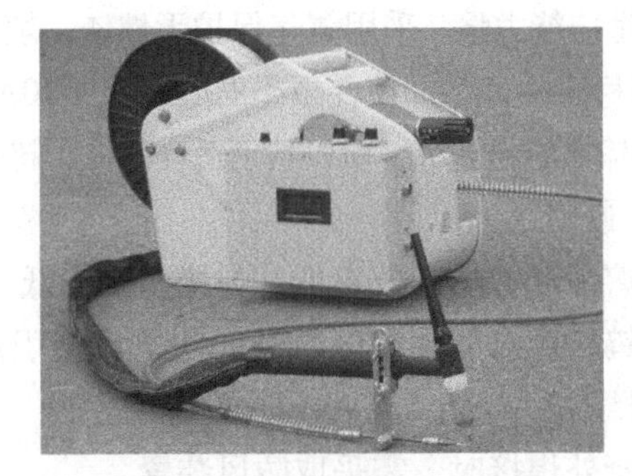

图 4-4　自动 TIG 焊焊枪与导丝嘴（以常用弧焊产品为例）

热丝钨极氩弧焊时，填充焊丝在进入熔池之前约 10cm 处开始，由加热电源通过导电块对其通电，依靠电阻热将焊丝加热至预定温度，与钨极成 40°～60°角，从电弧后面送入熔池，这样熔敷速度可比通常所用的冷丝提高 2 倍。

热丝钨极氩弧焊时，由于流过焊丝的电流所产生磁场的影响，电弧产生磁偏吹而沿焊缝做纵向偏摆。为此，用交流电源加热填充焊丝，以减少磁偏吹。在这种情况下，当加热电流不超过焊接电流的 60% 时，电弧摆动的幅度被限制在 30°左右。为了使焊丝加热电流不超过焊接电流的 60%，通常焊丝最大直径限为 1.2mm。如焊丝过粗，由于电阻小，需增加加热电流，这对防止磁偏吹是不利的。

热丝焊接已成功用于碳钢、低合金钢、不锈钢、镍和钛等。对于铝和铜，由于电阻率小，要求很大的加热电流，从而造成过大的电弧磁偏吹和熔化不均匀，所以不推荐热丝焊接。

热丝氩弧焊机由以下几部分组成：直流氩弧焊电源，预热焊丝的附加电源通常用交流居多，送进焊丝的送丝机构以及控制、协调这三部分之间的控制电路。为了获得稳定的焊接过程，主电源还可采用低频脉冲电源。在基值电流期间，填充焊丝通入预热电流，脉冲电流期间焊丝熔化。这种方法可以减少磁偏吹。脉冲电流频率可以提高到 100Hz 左右。一种更为理想的方法是用一台焊接电源来替代焊接电源和附加预热电源。采用一台高速切换的开关电源，以很高的开关频率来熔化和预热焊丝，获得二者统一。

专用自动 TIG 焊机机头是根据用途和产品结构而设计的，如管子—管板孔口环缝自动 TIG 焊机、管子对接内环缝或外环缝自动 TIG 焊机等。

交流 TIG 焊机所需的引弧和稳弧装置，以及隔直装置通常和控制系统设置在一个控制箱内，现在专用 TIG 焊机为了使设备紧凑已趋于和电源组合成一体。

（2）焊接电源　无论是直流还是交流 TIG 焊都采用陡降的外特性。

1）直流电源。凡焊条电弧焊用的直流电源，如磁放大器式弧焊整流器，均可用作 TIG 焊接的电源。电子开关式弧焊电源，如晶闸管式整流弧焊电源、晶体管弧焊电源和逆变式弧焊整流器等因其性能好、节电已在 TIG 焊中得到大量应用。这些电源都可给出恒流的外特性，并能自动补偿电网电压的波动和较大的电流调节范围。表 4-1 为可供直流 TIG 焊用的部分弧焊电源。

2）交流电源。凡是具有下降（或恒流）外特性的弧焊变压器都可以作为普通 TIG 焊用的交流电源，国产的钨极交流氩弧焊机中主要采用具有较高空载电压的动圈式弧焊变压器作为电

表 4-1　可供直流 TIG 焊用的部分弧焊电源

| 系　　列 | 磁放大器式 | 晶闸管式 | 逆变式 |
|---|---|---|---|
| 型号 | ZX—160 | ZX5—160 | ZX7—100 |
| | ZX—250 | ZX5—250 | ZX7—160 |
| | ZX—400 | ZX5—400 | ZXT—200 |
| | — | ZX5—630 | ZXT—315 |

源，如 WSJ—400、WSJ—400—1 和 WSJ—500 型交流 TIG 焊机中分别配用 BX3—400—1、BX3—400—3 和 BX3—500—2 型弧焊变压器。

必须指出，由于交流电弧不如直流电弧稳定，故实际应用的交流 TIG 焊机除以弧焊变压器作电源外，还需配备引弧和稳弧装置。又因交流 TIG 焊机主要用于焊接铝、镁及其合金，焊接时会在焊接回路上出现比较严重的直流分量，对阴极清洗作用和弧焊变压器工作不利，故还需要消除直流分量的装置配套使用。

3）方波交流电源。普通交流 TIG 焊的波形为正弦波，其电弧稳定性差，为了提高交流 TIG 电弧的稳定性，同时也为了保证既有满意的阴极清理效果，又可获得较为合理的两极热量。方波电源焊接电流的波形如图 4-5 所示，设 $K_R$ 表示为负半波通电时间的比例，则

$$K_R = \frac{T_R}{T_R + T_S} \times 100\%$$

式中　$K_R$——交流方波正负半波宽度可调值，又称占空比；

$T_R$——周期中负半波时间；

$T_S$——周期中正半波时间。

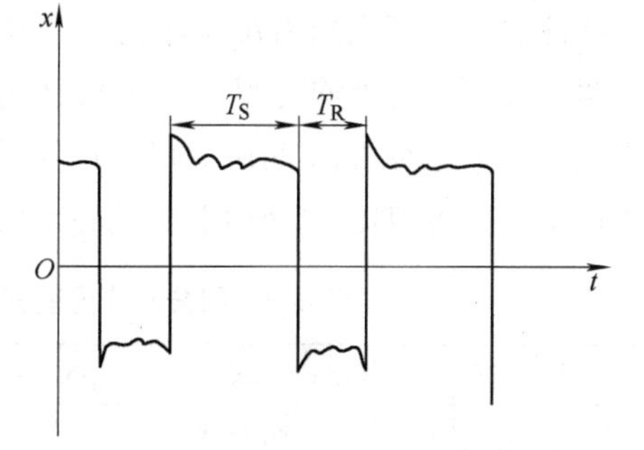

图 4-5　方波电源焊接电流的波形

一般 $K_R$ 可在 10% ~50% 范围内调节。当其值增大时，阴极清理作用加强，但母材热量减小，熔深变浅，熔宽加大，钨极烧损加快；反之，其值减小时，对两极热量分配有利，而阴极清理作用减弱。通常是选择最小而必要的反极性时间可以去除氧化膜，余下的正极性时间可以加速母材的熔化，便于进行熔透的高速焊。这种两个半波参数可做非对称式变化和调节的电源被称为变极性的电源，是方波电源的一个特点。

与普通正弦波交流电源相比，方波电源具有如下优点：

1）方波电流过零后增长快，再引燃容易，大大提高了稳弧性能，如空载电压在 70V 以上，不需再加稳弧装置，可使电流 10A 以上的电弧稳定燃烧。

2）可以根据焊接条件选择最小而必要的 $K_R$，使其既能满足清除氧化膜的需要，又能获得可能的最大熔深和最小的钨极损耗。

3）由于采用电子电路控制，焊接铝、镁及其合金时，无需另加消除直流分量的装置。

国产方波弧焊电源多做成交、直流两用的钨极氩弧焊机，可以进行直流的 TIG 焊和焊条电弧焊，也可以进行交流的 TIG 焊和焊条电弧焊。表 4-2 为这类焊机的技术数据。

**表 4-2　国产 WSE5 系列交流方波/直流钨极氩弧焊机技术数据**

| 型　号 | WSE5—100 | WSE5—315 | WSE5—500 |
|---|---|---|---|
| 输出电压/频率 | 单相，380V/50Hz | | |
| 额定焊接电流/A | 160 | 315 | 500 |
| 空载电压/V | 80 | | |
| 电流调节范围/A | 16 ~ 160 | 30 ~ 315 | 50 ~ 500 |
| 额定负载持续率（%） | 60 | 35 | 60 |
| $K_R$ 调节范围（%） | 30 ~ 70 | | |
| 电流上升时间/s | 固定 1 ~ 20 | | |
| 电流衰减时间/s | 可调 0.5 ~ 8 | | |
| 质量/kg | 140 | 210 | 27 |

4）TIG 焊的其他电源。交直流两用 TIG 焊机可作为交流 TIG 焊机，又可作为直流 TIG 焊机。这种焊机既可焊接铝、镁及其合金，又可以焊接不锈钢、铜、碳钢和合金钢，使可焊接材料的范围扩大。

交、直流两用 TIG 焊机和焊条电弧/TIG 焊两用焊机使用的电源都是具有陡降（或恒流）外特性的交、直流两用弧焊整流器。国产的 ZXE—系列，ZXE1—系列和 ZXE6—系列的交直流两用弧焊整流器均可用。近年来迅速发展的逆变式（ZX7 系列）弧焊电源用于交直流两用或焊条电弧焊/TIG 两用焊机则更为简单和方便，而且节能。表 4-3 列出了部分国产逆变式焊条电弧焊/TIG 焊两用电源的技术数据。

**表 4-3　部分国产逆变式焊条电弧/TIG 焊两用弧焊电源技术数据**

| 型　号 | ZX7—200S/ST | ZX7—315S/ST | ZX7—400S/ST | ZX7—500S/ST | ZX7—630S/ST |
|---|---|---|---|---|---|
| 输入电源 | 3 相 380V<br>50/60Hz | 3 相 380V<br>50/60Hz | 3 相 380V<br>50/60Hz | 3 相 380V<br>50/60Hz | 3 相 380V<br>50/60Hz |
| 输入容量/(kV · A) | 8.75 | 16 | 21 | 27 | 34 |
| 额定电流/A | 200 | 315 | 400 | 500 | 630 |
| 额定负载持续率（%） | 60 | 60 | 60 | 60 | 60 |
| 空载电压/V | 70 ~ 80 | 70 ~ 80 | 70 ~ 80 | 70 ~ 80 | 70 ~ 80 |
| 电流调节范围/A | 20 ~ 200 | 30 ~ 315 | 40 ~ 400 | Ⅰ挡 50 ~ 167<br>Ⅱ挡 150 ~ 500 | Ⅰ挡 60 ~ 210<br>Ⅱ挡 180 ~ 630 |
| 效率 | 83 | 83 | 83 | 83 | 83 |
| 质量/kg | 59 | 66 | 75 | 84 | 98 |
| 外形尺寸 | 600 × 355 × 540 | 600 × 355 × 540 | 700 × 355 × 540 | 690 × 375 × 490 | 720 × 400 × 500 |

（3）控制部分　此部分主要任务是控制气流通断、提前送气、滞后关气、引弧、电流通断、电流衰减、水路信号等。自动焊机还有小车行走机构、填丝输送机构等。其焊接参数控制程序如图 4-6 所示。

（4）焊枪

1）作用与要求。焊枪的作用是夹持钨极、传导电流和输送并喷出保护气体。它应有良好的导电性、水和气密封性，充分冷却而不致过热；焊枪要求使用轻便灵活，并具有耐振及耐冲击的能力，应能可靠地夹持和更换钨极；喷出的气体具有良好的流动状态和一定的挺

度，并能取得良好的保护效果，在出口处获得层流的保护气体；喷嘴和钨极之间绝缘良好，以免喷嘴和工件发生短路。为此焊枪的设计可采取以下措施。

① 进气口设缓冲室，降低气流的初速。

② 在气流通道中加设多层孔板或金属丝网制成的气筛，使气流分布均匀。

③ 尽量采用圆角形喷嘴，以扩大有效保护区域。

④ 加长喷嘴出口端直筒长度约为喷嘴孔径的1.5倍。

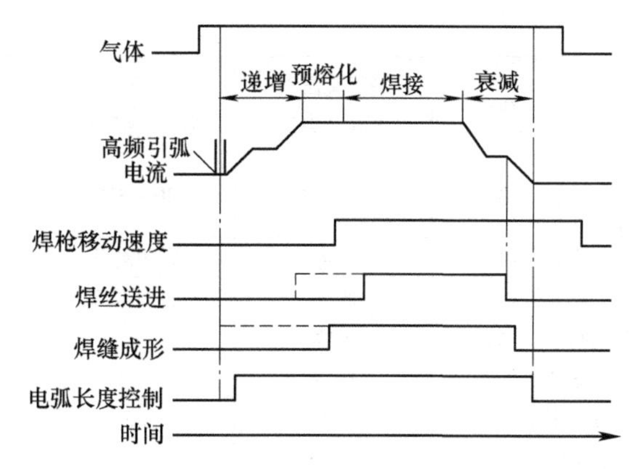


图4-6　自动TIG焊焊接参数控制程序

2）类型与结构。焊枪分气冷和水冷两种，前者用于小电流（一般≤150A）的焊接。其冷却作用主要是由保护气体的流动来完成，质量轻，尺寸小，结构紧凑，价格比较便宜；后者用于大电流（一般>150A）焊接，其冷却作用主要为由流过焊枪内导电部分和电缆的循环水来实现，结构比较复杂，比气冷式贵而重。在常用的焊接电流范围内，焊枪设计一般应满足表4-4所推荐的负载能力。大功率焊枪可以制成水冷式，水冷系统应能在0.3MPa的压力下正常工作。

**表4-4　钨极氩弧焊焊枪负载能力**

| 额定电流/A | 最大电流/A | | | | 钨极直径/mm | 最低限度气体流量范围/(L/min) |
|---|---|---|---|---|---|---|
| | 直流 | | 交流 | | | |
| | He | Ar | He | Ar | | |
| 100 | 150 | 225 | 75 | 100 | 1～2 | 1～8 |
| 160 | 250 | 325 | 130 | 160 | 1～3 | 2～9 |
| 250 | 320 | 420 | 200 | 250 | 1～4 | 2.5～11 |
| 400 | 420 | 600 | 320 | 400 | 2～6.3 | 4～15 |

注：1. 交流电流指有效值，直流电流指最大值。
2. He和Ar为保护气体介质。

（5）典型TIG焊焊机数据　表4-5是典型的通用TIG焊焊机技术数据。

**表4-5　典型的通用TIG焊焊机技术数据**

| 类　别 | 手工交流钨极氩弧焊机 | 手工交直流钨极氩弧焊机 | 手工直流钨极氩弧焊机 | 自动交直流钨极氩弧焊机 | 手工脉冲钨极氩弧焊机 |
|---|---|---|---|---|---|
| 型号 | WSJ—400—1 | WSE5—315 | WS—300 | W2E—500 | WSM—250 |
| 电网电压/V | 380（单相） | 380（单相） | 380（单相） | 380（单相） | 380（单相） |
| 空载电压/V | 70—75 | 80 | 72 | 68直流<br>80交流 | 55 |
| 额定焊接电流/A | 400 | 315 | 300 | 500 | 脉冲峰值电流<br>50～250 |

（续）

| 类　　别 | 手工交流钨极氩弧焊机 | 手工交直流钨极氩弧焊机 | 手工直流钨极氩弧焊机 | 自动交直流钨极氩弧焊机 | 手工脉冲钨极氩弧焊机 |
|---|---|---|---|---|---|
| 电流调节范围/V | 50～400 | 30～315 | 20～300 | 50～500 | 基值电流 25～60 |
| 引弧方式 | 脉冲 | 高频高压 | 高频高压 | 脉冲 | 高频高压 |
| 稳弧方式 | 脉冲 | 脉冲（交流） | — | 脉冲 | — |
| 消除直流分量的办法 | 电容 | — | — | 电容（交流） | — |
| 钨极直径/mm | 1～7 | 1～6 | 1～5 | 2～7 | 1.6～4 |
| 额定负载持续率（%） | 60 | 35 | 60 | 60 | 60 |
| 焊接速度/(cm/min) | — | — | — | 8～130 | — |
| 送丝速度/(cm/min) | — | — | — | 33～1700 | — |
| 焊接电流衰减时间/s | — | 0～10 | 0～5 | 5～15 | 0～15 |
| 气体滞后时间/s | — | 0～15 | 0～15 | 0～15 | 0～15 |
| 氩气流量/(L/min) | 25 | 25 | 15 | 50 | 15 |
| 冷却水流量/(L/min) | 1 | 1 | 1 | 1 | 1 |
| 配用焊枪 | PQ1—150<br>PQ1—350<br>PQ1—500 | PQ1—150<br>PQ1—350 | QQ—0～90/75<br>QS—65/300 | — | QS—85/250 |
| 用途 | 焊接铝及其铝合金 | 焊接铝、铝合金、不锈钢、高合金钢、纯铜等 | 焊接不锈钢、耐热钢、铜等 | 焊接不锈钢、耐热钢及各种有色金属等 | 焊接不锈钢、耐热合金、钛合金等 |
| 备注 | 配用BX3—400弧焊变压器 | 交流为矩形波电流，KR调节范围30%～70% | — | 配用ZX5—500弧焊变压器及配用BX3—500弧焊变压器 | 脉冲峰值时间0.02～3s基值电流时间0.025～3s |

## 二、钨极氩弧焊设备的操作规程

钨极氩弧焊操作技术关系到焊接过程的正常进行以及焊接的质量。图4-7和图4-8是TIG焊操作的现场图片。能够看出TIG焊焊接电弧燃烧稳定，焊缝成型美观，飞溅小。

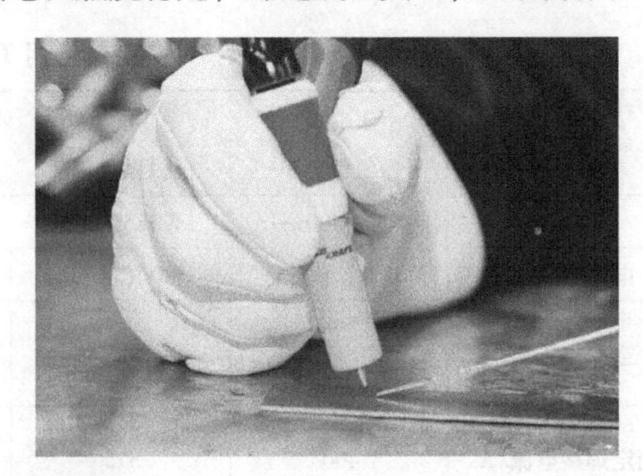

图4-7　现场操作图

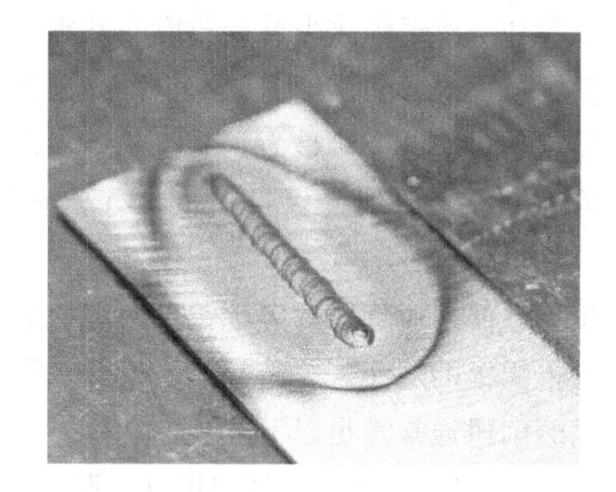

图 4-8　TIG 焊焊接电弧与焊缝成形

**1. 准备工作**

1）熟悉图样及工艺规程，掌握施焊位置、尺寸和要求，合理地选择施焊方法及顺序。

2）清理好工作场地，准备好辅助工具和防护用品。

3）检查设备。焊机上的调整机构、导线、电缆及接地是否良好；手把绝缘是否良好，地线与工件连接是否可靠；水路、气路是否畅通；高频或脉冲引弧和稳弧器是否良好。

4）检查工件。坡口内不得有熔渣、泥土、油污、砂粒等物存在，在焊缝两侧 20mm 范围内不得有油、锈，焊丝应进行除油、除锈工作。

5）不要在风口处或强制通风的地方施焊。

6）依据工艺文件和产品图样的要求，正确选择焊丝。

**2. 安全技术**

1）穿戴好个人防护用品，应在通风良好的环境下工作，工作场地严防潮湿和存有积水，严禁堆放易燃物品。

2）工件必须可靠接地，用直流电源焊接时要注意减少高频电流作业时间，引弧后要立即切断高频电源。

3）冬季施焊时，一定要用压缩空气将整个水路系统中的水吹净，以免冻坏管道。

4）修磨钨极时要戴手套和口罩。

以下是目前市面上能够见到的比较普遍的钨极打磨机，如图 4-9 所示。

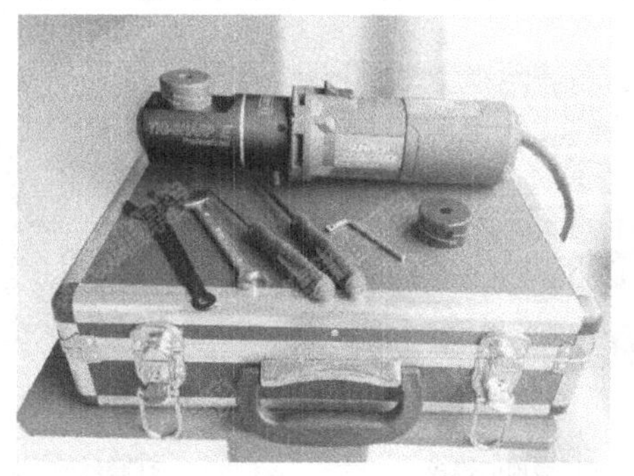

图 4-9　钨极打磨机（以常见设备为例）

氩弧焊和等离子焊接中钨针角度尤其重要，每个厂家在设计喷嘴时，就考虑到了钨针的磨削角度，喷嘴内部的锥度需要与钨针的角度相互搭配，方能发挥出焊枪的最高效能。钨针磨削后还需平口，这样做是为了避免钨针尖端过快的烧损以致影响电弧的稳定性，如果发现先导弧闪烁时，很可能是钨针有问题了。钨针的磨削角度错误会使钨针或喷嘴寿命大大缩短。

新型环保便携式钨极磨尖机钨极磨削机通常采用金刚石磨削片，能获得恒定的高质量的表面，延长钨极的寿命，改善起弧质量并获得较稳定的电弧。

钨极磨削机通常满足以下要求：

① 环保、安全，全封闭紧凑设计，防止有害粉尘吸入人体。

② 集钨针磨削与平口一体，角度可任意调节。

③ 专用钨针夹持器，保证精确的锥形和角度进行纵向磨削，使焊接电极保持最佳外形尺寸。

④ 提供多种钨针直径可选。

考虑到具体的生产条件和焊接结构件的要求，电动砂轮机在钨极打磨中方便耐用，使用广泛。以下是常见的手动砂轮机，如图 4-10 所示。

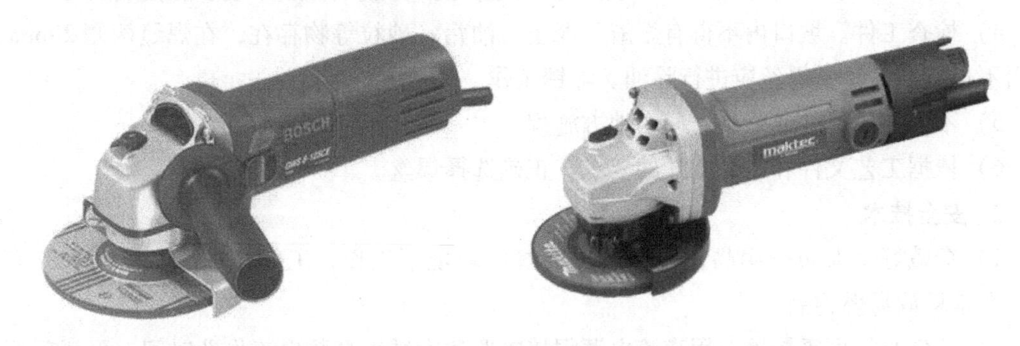


图 4-10　电动平面砂轮机

钨极的尖角角度影响到焊接电弧的稳定性以及钨极的磨损，焊接过程中应根据焊机电流的大小以及钨极直径选择合理的钨极尖角。钨极的供货状态大多没有加工端面形状，也有一些供应打磨好的钨极进行选择。钨极的不同状态见图 4-11 所示。

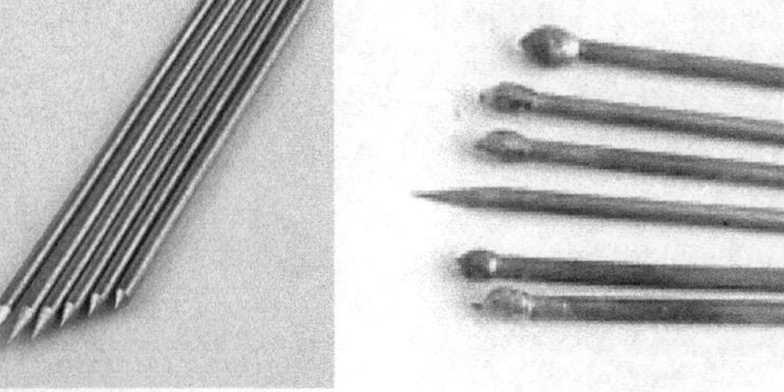

打磨前的钨极

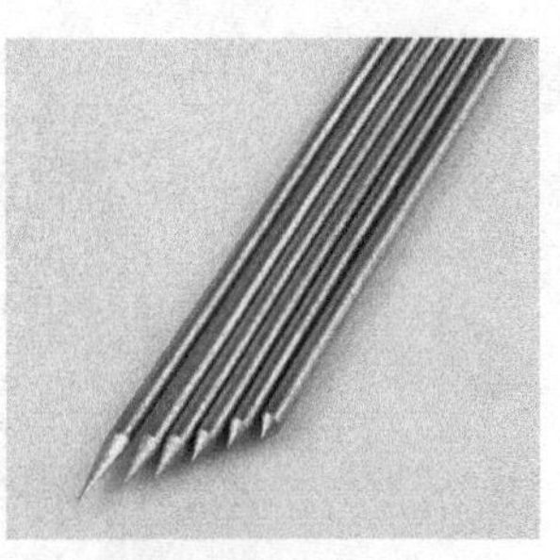

打磨后的不同钨极尖角

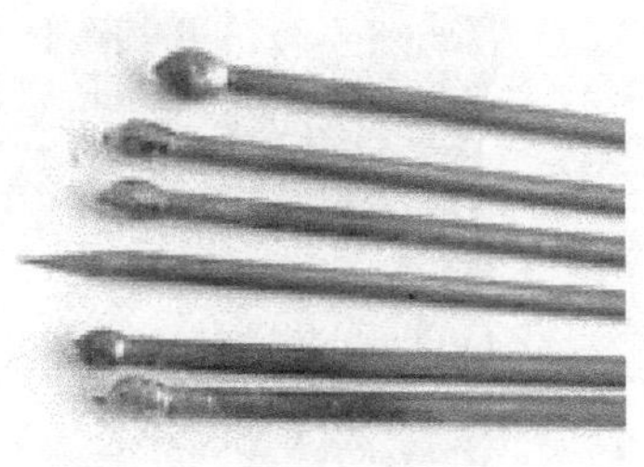

烧损的钨极

图 4-11　不同的钨极状态

**3. 焊接参数的选择**

钨极氩弧焊的焊接参数主要有焊接电流种类及极性、焊接电流、钨极直径及端头形状、保护气体流量等。此外，还有钨极伸出长度、喷嘴与工件之间的相对位置等。

确定各参数的程序：先选定焊接电流的大小，然后选定钨极的种类和直径大小，再选定喷嘴直径和保护气体流量，最后确定焊接速度。在施焊过程中，适当调整钨极的伸出长度和喷嘴与工件的相对位置。

（1）焊接电流种类及大小　一般根据工件材料选择电流种类。焊接电流的大小是决定焊缝熔深的最主要参数，它主要根据工件材料、厚度、接头形式、焊接位置选择，有时还考虑焊工的技术水平（手工焊时）等因素。

（2）钨极直径及端头形状　钨极直径根据焊接电流大小、电流极性选择。钨极端头形状也是一个重要的焊接参数，根据所用焊接电流种类，选用不同的端头形状。钨电极的载流能力见表4-6。

**表4-6　钨电极载流能力**

<table>
<tr><th rowspan="2">电极直径/mm</th><th colspan="3">直流正接/A</th><th>直流反接/A</th><th>交流/A</th></tr>
<tr><th>钨极</th><th>钍钨极</th><th>铈钨极</th><th colspan="2">纯钨极</th></tr>
<tr><td>1.0</td><td>20~60</td><td>15~80</td><td>20~80</td><td>—</td><td>—</td></tr>
<tr><td>1.6</td><td>40~100</td><td>70~150</td><td>50~160</td><td rowspan="2">10~30</td><td rowspan="2">20~100</td></tr>
<tr><td>2.0</td><td>60~150</td><td>100~200</td><td>100~200</td></tr>
<tr><td>3.0</td><td>140~180</td><td>200~300</td><td>—</td><td>20~40</td><td>100~160</td></tr>
<tr><td>4.0</td><td>240~320</td><td>300~400</td><td>—</td><td>30~50</td><td>140~220</td></tr>
<tr><td>5.0</td><td>300~400</td><td>420~520</td><td>—</td><td>40~80</td><td>200~280</td></tr>
<tr><td>6.0</td><td>350~450</td><td>450~550</td><td>—</td><td>60~100</td><td>250~300</td></tr>
</table>

（3）气体流量和喷嘴直径　氩弧焊质量在很大程度上取决于氩气的保护效果。在一定条件下，气体流量和喷嘴直径有一个最佳范围，此时，气体保护效果最佳，有效保护区最大。氩气保护效果的评定主要是根据焊缝表面的颜色。表4-7为不锈钢焊接区颜色与保护效果的关系，表4-8为钛合金焊接区颜色与保护效果的关系。

**表4-7　不锈钢焊接区颜色与保护效果**

| 焊接区颜色 | 银白、金、黄 | 蓝 | 红灰 | 灰 | 黑 |
|---|---|---|---|---|---|
| 保 护 效 果 | 最好 | 良 | 较好 | 不良 | 最差 |

**表4-8　钛合金焊接区颜色与保护效果**

| 焊接区颜色 | 银白 | 橙黄色 | 蓝紫色 | 青灰 | 白色氧化钛粉末 |
|---|---|---|---|---|---|
| 保 护 效 果 | 最好 | 良 | 较好 | 不良 | 最差 |

（4）电弧电压　电弧电压主要影响焊缝宽度，它由电弧长度决定。增加弧长会降低气体保护效果，一般弧长控制在1~5mm为宜，应以钨极直径和末端形状及填充焊丝粗细灵活掌握。

（5）焊接速度　当焊接电流确定后，焊接速度的大小决定着单位长度的焊缝所输入的能量。若要保持一定的焊缝成形系数，焊接电流和焊接速度应同时提高或减小。

（6）电极伸出长度　电极伸出长度是指钨极从喷嘴孔伸出的距离，主要取决于焊接接头的外形。常规的电极伸出长度一般在1~2倍的钨极直径。要求短弧焊时，其伸出长度宜比常规的大一些，以便清除观察熔池，并有利于控制弧长。但是，电极伸出长度过长，势必会加大保护气体流量，才能维持良好的保护状态。

## 三、常用钨极氩弧焊机的操作与维修

### 1. 操作要点

1）保证正确的持枪姿势，随时调整焊枪角度及喷嘴高度；既要有良好的保护效果，又能便于观察熔池。

2）注意气体对熔池的保护，在焊接过程中，如果钨极没有变形，焊后钨极端部为银白色，说明保护效果良好；如果焊后钨极发蓝，说明保护效果差。送丝要均匀，不能在焊接区内搅动，防止空气侵入。如果钨极端部发黑或留有瘤状物，说明钨极已经被污染，很可能是焊接过程中发生了短路或沾了很多飞溅物，必须将这段钨极磨掉，否则容易造成焊缝夹钨。

3）焊接时确保焊枪、焊丝和工件之间的相对位置。焊丝与工件之间的角度不宜过大，否则就会扰乱电弧和气流的稳定。

### 2. 操作技术

钨极氩弧焊的操作技术包括引弧、填丝焊接、收弧等过程。

（1）引弧　引弧方法有短路引弧法和高频引弧法两种。

① 短路引弧法（接触引弧法），即在钨极与焊件瞬间短路，立即稍稍提起，在焊件和钨极之间便产生了电弧。

② 高频引弧法，利用高频引弧器把普通工频交流电（220V或380V，50Hz）转换成高频（150~260kHz）、高压（2000~3000V）电，把氩气击穿电离，从而引燃电弧。

（2）填丝焊接　填丝时必须等母材熔化充分后才可填加，以免产生未熔合，填充位置一定要填到熔池前沿部位，并且焊丝收回时尽量不要马上脱离氩气保护区。

（3）收弧　收弧方法有增加焊接速度法和电流衰减法两种。

① 增加焊接速度法，即在焊接即将终止时，焊炬逐渐增加移动速度。

② 电流衰减法，焊接终止时，停止填丝使焊接电流逐渐减少，从而使熔池体积不断缩小，最后断电，焊枪或焊炬停止行走。

### 3. 焊机常见故障及消除方法

TIG焊设备的常见故障有水、气路堵塞或泄漏，钨极太脏引不起弧；焊枪钨极卡头未旋紧，电流不稳，焊枪开关接触不良，使焊机不能起动等，这类故障应由焊工自己排除。若焊接设备内部的控制线路或电子元器件损坏，或出现其他机械故障，焊工不应自行拆修，应由维修电工或钳工处理。对于常见故障的处理可参照表4-9进行。

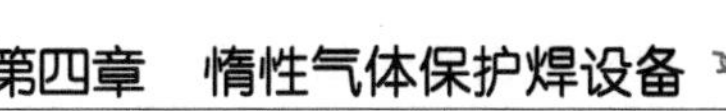

表 4-9　TIG 焊机的故障及处理方法

| 故障特征 | 可能产生的原因 | 消除措施 |
|---|---|---|
| 电源开关接通，指示灯不亮 | ① 开关损坏<br>② 熔断器烧断<br>③ 控制变压器烧坏<br>④ 指示灯损坏 | ① 更换损坏的开关<br>② 更换熔断器<br>③ 修复控制变压器<br>④ 换指示灯灯泡 |
| 控制线路有电，电源指示灯亮，但焊机不能起动 | ① 焊枪开关接触不良<br>② 继电器出故障<br>③ 控制变压器损坏 | ① 检修焊枪开关<br>② 检修继电器<br>③ 检修控制变压器 |
| 焊机起动后，高频振荡器工作，但引不起弧 | ① 网路电压过低<br>② 接地线过长<br>③ 焊件接触不良<br>④ 无气，钨极或焊件表面太脏，钨极间距不合适<br>⑤ 高频振荡器放电器 P 火花间隙不合适<br>⑥ 火花放电器钨极表面太脏 | ① 提高网路电压<br>② 缩短地线<br>③ 清理焊件<br>④ 检查气路，检查钨极间距是否符合要求，清理钨极和焊件<br>⑤ 调整放电间隙至 0.5～1.5mm<br>⑥ 打磨放电器钨极端面至出现金属光泽 |
| 焊机起动后，无氩气输出 | ① 按钮开关接触不良<br>② 电磁气阀损坏<br>③ 气路不通，管子被压住<br>④ 控制线路出故障<br>⑤ 气体延时线路故障 | ① 打磨触头<br>② 检修电磁气阀<br>③ 检修气路<br>④ 检修控制线路<br>⑤ 检修气体延时线路 |
| 电弧引燃后，焊接过程电弧不稳定 | ① 脉冲稳弧器不工作，指示灯不亮<br>② 消除直流分量的元件故障<br>③ 焊接电源故障 | ① 检修<br>② 检修或更换<br>③ 检修 |

注：若冷却方式选择开关在空冷位置时焊机能正常工作，但在水冷时不能工作，可打开控制箱地板，检查水压开关是否动作，可根据出水量开关进行微调。

## 四、钨极氩弧焊设备的安全与保养

### 1. 氩弧焊安全技术

氩弧焊中可能产生的安全问题除了与焊条电弧焊相同的触电、烧伤、火灾以外，还有高频电磁场、电极放射线和比焊条电弧焊强得多的弧光伤害、焊接烟尘和有毒气体等。

（1）预防放射线伤害

1）钍钨极应有专用的储存设备，大量存放时应藏于铅箱内，并安装排气管。

2）采用密闭罩施焊时，在操作过程中不应打开罩体，手工操作时，必须戴送风防护头盔或采用其他有效防护措施。

3）应备有专门砂轮来磨削钍钨极，砂轮机要安装除尘设备，砂轮机地面上的磨屑要经常做湿式扫除，并集中深埋处理。

4）磨削钍钨极时应戴防尘口罩。接触钍钨极后应用流动水和肥皂洗手，并经常清洗工作服和手套等。

5）焊割时选择合理的参数，避免钍钨极的过量烧损蒸发。

6）尽可能不用钍钨极而用铈钨棒或钇钨极，因后两者无放射性。

（2）预防弧光伤害

1）为了防护弧光对眼睛的伤害，焊工在焊接时必须佩戴镶有特制滤光片的面罩。

2）为了预防焊工皮肤受到电弧伤害，焊工的防护服装应采用浅色或白色的帆布制成，以增加对弧光的反射能力。工作服的口袋以暗袋为佳，工作时袖口应束紧，手套要套在袖口外面，领口要扣好，裤管不能打折挽起，皮肤不得外露。

3）为了防止辅助工和焊接地点附近的其他人员受到弧光伤害，要注意互相配合，焊接引弧前先打招呼，辅助工要戴墨镜。在固定位置焊接时，应使用遮光屏。

（3）预防飞溅金属灼伤

1）焊工在操作时，必须穿帆布工作服，戴工作帽和长袖手套，穿工作鞋，工作服上衣不要束在裤腰里，口袋应盖好，并扣好纽扣，必要时脖子上要围毛巾，长时间坐着焊接时要系围裙。

2）当高空或多层焊接时，在焊件下方应设置挡板，防止液态金属和熔渣下落时溅起，扩大伤害面。

（4）预防焊接粉（烟）尘及有毒气体中毒

1）除了设计焊接车间时要考虑到全面通风外，还可采取局部通风的技术措施。在采取局部通风时，应控制电弧附近的风速，风速过大，会破坏气体的保护效果，一般为30m/min左右。

2）加强个人防护措施，主要是对人身各部位要有完善的防护用品。其中工作服、手套、绝缘鞋、眼镜、口罩、头盔和护耳器等属于一般防护用品，比较常用。通风焊帽属于特殊防护用品，用于通风不易解决的特殊作业场合。

3）通过改进焊接工艺和焊接材料来改善焊接卫生条件，是防止焊接烟尘和有毒气体中毒的主要措施。

（5）预防火灾和爆炸

1）焊前要认真检查工作场地周围是否有易燃易爆物品（如棉纱、油漆、汽油、煤油、木屑、乙炔瓶等），如有易燃易爆物品，应将这些物品搬离焊接工作地点5m以外。

2）在高空作业时，应注意防止金属火花飞溅而引起的火灾。

3）无安全可靠的措施和方案时，严禁在有压力的容器和管道上焊接。

4）焊接存储过易燃物的容器（如汽油）时，焊前必须将容器内的介质放净，并用碱水冲洗内壁，再用压缩空气吹干，应将所有孔盖完全打开，确认安全可靠后方可焊接。

5）在进入容器内工作时，焊枪和割炬应随焊工同时进出，严禁将焊枪和割炬放在容器内而焊工擅自离去，以防混合气达到一定浓度产生燃烧和爆炸。

6）红热的焊丝（条）头及焊后的焊件不能随便乱扔，要妥善管理，更不能扔在易燃易爆物品的附近，以免发生火灾。

7）每天下班时应检查工作场地附近是否有引起火灾的隐患，确认安全方可离开。

（6）气瓶使用安全技术

1）气瓶在运输、储存和使用过程中，应避免剧烈振动和碰撞，严禁从高处滑下或在地面滚动。

2）夏天用车辆运输或室外使用气瓶时，瓶身应加以覆盖，避免阳光暴晒。气瓶应远离高温、明火、熔融金属飞溅和易燃易爆物品等，距离应当在10m以上。

3）使用气瓶时要检查气瓶试压日期是否过期，装上减压器后检查是否漏气，表针是否灵活。

4）精心操作。

5）气瓶在使用过程中必须按照国家《气瓶安全监察规程》要求，对充装无腐蚀性气体的气瓶，每三年检验一次；充装有腐蚀性气体的气瓶，每两年检验一次。在使用过程中，如发现有严重腐蚀、损伤和认为有怀疑时，可提前进行检验。

**2. 氩弧焊焊机的检查**

焊机的质量检查和其他产品一样，分为一般出厂检查和形式检查两种。这里主要介绍保证产品基本性能的一般出厂检查。

（1）外观检查　检查产品外观是否合乎要求。如果是成套设备，则检查零部件是否齐全。

（2）电气绝缘性能检查

1）绝缘电阻。与主回路有联系的回路，对机壳之间的绝缘电阻不小于1MΩ，其余不低于0.5MΩ。

2）绝缘介电强度。产品各电路对机壳相互间所能承受的绝缘介电强度的试验电压应符合相关标准。

（3）控制系统性能检查试验

1）具有提前送氩气和滞后切断氩气的功能。

2）焊接前及焊接时氩气流量可以调节。

3）在产品电流调节范围内，应保证电极与焊件间非接触地可靠引燃电弧。

4）在采用高频振荡器引弧时，电弧引燃后应自动切断高频。

5）采用水冷系统时，当流量低于规定值时应能可靠地切断主回路，中止焊接，并装有指示信号。

（4）结构系统性能试验

1）200A以下的焊枪采用空冷，200 A以上的焊枪可采用空冷或水冷。

2）自动焊接时，保证焊车行走平稳和填丝均匀，无打滑现象。

3）产品的齿轮箱在运转时应无异常噪声。

4）水路系统在压力下无漏水现象。

5）保护气的气路系统应在压力下正常工作。

6）电源检查应根据电源类型和要求进行。

（5）安全检查

1）有安全可靠的接地装置。

2）经常移动与人体容易接触的控制电路。

3）产品裸露的强电接线柱的带电体之间最小距离不得小于表4-10的规定。

**表4-10　接线栓带电体最小间距**

| 额定电压/V | 接线柱间距/mm | 额定电压/V | 接线柱间距/mm |
|---|---|---|---|
| ≥100 | 10 | 381～660 | 20 |
| 101～380 | 15 | 661～1200 | 25 |

（6）施焊检查

1）按接线图正确接线。

2）电源、控制系统及焊炬，分别检查后进行空载检查。

3）分别进行气、水、电路检查，是否正常。

4）在额定电流下堆焊，观察设备运行是否正常、焊道成形及保护性能是否良好。

**3. TIG焊设备的保养和故障处理**

（1）TIG焊设备的保养

1）安装焊接设备前，必须看懂焊接设备使用说明书，掌握设备的基本构造和使用方法。按外部接线图正确安装，电网电压必须与铭牌标示的值相符，机壳必须接地。

2）每次使用前，必须检查设备的水、气管连接是否可靠，若用自来水冷却，则需先将冷却水接通，看到出水管有水流出时才能接通焊机电源。

3）定期检查钨极夹头的夹紧情况和焊炬的绝缘情况。

4）氩气瓶要固定好，防止倾倒，并远离操作范围。

5）工作完毕或离开工作场地时，必须切断焊机电源，关闭水源及气瓶阀门。

6）建立并健全焊机的一、二级保养制度，按期进行保养。

（2）焊机使用的注意事项

1）接线时，应检查焊机铭牌电压值和网路电压值是否相符，电压值不符合时不得使用。

2）焊机应定期检查各连接电缆，如发现接头松动，应随时拧紧，否则会烧坏接头或造成焊接过程不稳定。

3）对焊机需定期检查各继电器等触点情况，如发现有损坏时，应及时清理或换新。

4）冷却水必须清洁，无杂质和锈蚀物，否则会堵塞冷却水路，烧坏焊枪。

5）焊接结束后应关闭氩气和水路，并将焊机与网路切断，否则会造成触电等事故。

6）负责操作焊机的焊工，必须熟悉本焊机的性能和原理。

7）氩弧焊工作现场要有良好的通风装置，以排出有害气体及烟尘。除厂房通风外，可在焊接工作量大、焊机集中的地方，安装几台轴流风机向外排风。

8）尽可能采用放射剂量极低的铈钨极。钍钨极和铈极加工时，应采用密封式或抽风式砂轮磨削，操作者应佩戴口罩、手套等个人防护用品，加工后要洗净手、脸。钍钨极和铈钨极应放在铅盒内保存。

9）为了防备和削弱高频电磁场的影响，采取的措施有：工件良好接地，焊枪电缆和地

线要用金属编织线屏蔽；适当降低频率；尽量不要使用高频振荡器作为稳弧装置，减小高频电作用时间。

10）其他个人防护措施，氩弧焊时，由于臭氧和紫外线作用强烈，宜穿戴非棉布工作服（如耐酸尼、柞丝绸等）。在容器内焊接又不能采用局部通风的情况下，可以采用送风式头盔、送风口罩或防毒口罩等防护措施。

# 第三节　熔化极氩弧焊设备

## 一、熔化极氩弧焊特点及设备组成

### 1. 熔化极惰性气体保护焊焊接工艺

（1）熔化极惰性气体保护焊的特点　熔化极惰性气体保护焊（MIG焊）通常采用惰性气体氩气、氦气或它们的混合气体作为焊接区的保护气体。由于焊丝外表没有涂料层，电流可大大提高，因而母材熔深大，焊丝熔化速度快，熔敷率高。与钨极氩弧焊相比，可大大提高生产效率，尤其适用于中等厚度和大厚度板材的焊接。鉴于我国氦气价格昂贵，生产上广泛采用的是氩气保护，所以也称熔化极氩弧焊。该方法主要特点如下：

1）单原子惰性气体保护，电弧燃烧稳定，熔滴细小，熔滴过渡过程稳定，飞溅小，焊缝冶金纯净度高，力学性能好。

2）焊丝作为熔化电极，电流密度高，母材熔深大，焊丝熔化速度和焊缝熔敷速度高，焊接生产率高，尤其适用于中等厚度和大厚度结构的焊接。

3）铝及铝合金焊接时，一般采用直流反极性，具有良好的阴极清理作用，用亚射流过渡时，电弧具有很强的固有自调节作用。

4）几乎可焊所有金属，尤其适用于铝、镁及其合金，铜及其合金，钛、锆、镍及其合金，不锈钢等材料的焊接。

（2）熔化极氩弧焊的熔滴过渡　熔化极氩弧焊通常采用的熔滴过渡类型为滴状过渡、短路过渡和喷射过渡。滴状过渡使用的电流较小，熔滴直径比焊丝直径大，飞溅较大，焊接过程不稳定，因此在生产中很少采用。短路过渡电弧间隙小，电弧电压较低，电弧功率较小，通常仅用于薄板焊接。生产中应用最广泛的是喷射过渡。对于一定的焊丝和保护气体，当电流增大到临界电流值时，熔滴过渡形式即由滴状过渡转变为喷射过渡。不同材料和不同直径焊丝的临界电流值见表4-11。

采用射流过渡焊接时，焊缝易呈现深而窄的“指状”熔深，易产生两侧面熔透不良、气孔和裂纹等缺陷。对于铝及其合金的焊接通常采用射滴和短路相混合的过渡形式，也称为亚射流过渡。其特点是弧长较短，电弧电压较低，电弧略带轻微爆破声，焊丝端部的熔滴长大到大约等于焊丝直径时沿电弧轴线方向一滴一滴过渡到熔池，间有瞬时短路发生。铝合金亚射流过渡焊接时，电弧的固有自调节作用特别强，当弧长受外界干扰而发生变化时，焊丝的熔化速度发生较大变化，促使弧长向消除干扰的方向变化，因而可以迅速恢复到原来的长度。此外，采用亚射流电弧焊接时，阴极雾化区大，熔池的保护效果好，焊缝成形好，焊接缺欠较少。在相同的焊接电流下，亚射流过渡与射滴过渡相比，焊丝的熔化系数显著提高。

**表 4-11 不同材料和不同直径焊丝的临界电流参考值**

| 材 料 | 焊丝直径/mm | 保护气体（体积分数） | 最低临界电流/A |
|---|---|---|---|
| 低碳钢 | 0.80 | 98% Ar + 2% $O_2$ | 150 |
| | 0.90 | | 165 |
| | 1.20 | | 270 |
| | 1.60 | | 275 |
| 不锈钢 | 0.90 | 99% Ar + 1% $O_2$ | 170 |
| | 1.20 | | 225 |
| | 1.60 | | 285 |
| 铝 | 0.80 | Ar | 95 |
| | 1.20 | | 135 |
| | 1.60 | | 180 |
| 脱氧钢 | 0.90 | Ar | 180 |
| | 1.20 | | 210 |
| | 1.66 | | 310 |
| 硅青铜 | 0.90 | Ar | 165 |
| | 1.20 | | 205 |
| | 1.66 | | 270 |
| 钛 | 0.80 | Ar | 120 |
| | 1.60 | | 225 |
| | 2.40 | | 320 |

（3）保护气体

1）氩气和氦气。氩气和氦气均属惰性气体，焊接过程中不与液态和固态金属发生化学冶金反应。因此特别适用于活泼性金属的焊接（Al、Mg、Ti、合金钢等）。在氩气中，电弧电压和电流能量密度较低，电弧燃烧稳定，飞溅较小，较适合焊接薄板金属、热导率低的金属。氦气保护时的电弧温度和能量密度高，焊接效率较高。但我国的氦气价格昂贵，单独采用氦气保护，成本较高。

2）氩气和氦气混合气体。氩气为主要气体，混入一定数量的氦气后即可获得兼有两者优点的混合气体。其优点是，电弧燃烧稳定、温度高，焊丝金属熔化速度快，熔滴易呈现较稳定的轴向射滴过渡，熔池金属的流动性得到改善，焊缝成形好，焊缝的致密性高。这些优点对于焊接铝及其合金、铜及其合金等热敏感性强的高导热材料尤为重要。

对于铜及其合金，氮气相当于惰性气体。氮气是双原子气体，热导率比氩气高，弧柱的电场强度也较高，因此电弧热功率和温度可大大提高。与氩气和氦气混合气体相比，氮气价格便宜。

由于氢气是一种还原性气体，在一定条件下可使某些金属氧化物或氮化物还原，因而可与氩气混合焊接镍及其合金，抑制和消除镍焊缝中的 CO 气孔。此外，氢气的密度小（约为 0.089kg/$m^3$），热导率大，对电弧的冷却作用大，因此电弧温度高、熔透性好，焊接速度可以提高。但 $H_2$ 含量（体积分数）必须低于6%。否则会导致氢气孔的产生，为了提高焊接效率，焊接不锈钢和银材料时，也可采用在氩气中加入一定量氢气的 Ar + $H_2$ 混合气体。

3）双层气流保护。熔化极气体保护焊有时采用双层气流保护可以得到更好的效果。此时，采用两个同心的喷嘴，即内喷嘴与外喷嘴，气流分别从内、外喷嘴流出，如图 4-12 所示。

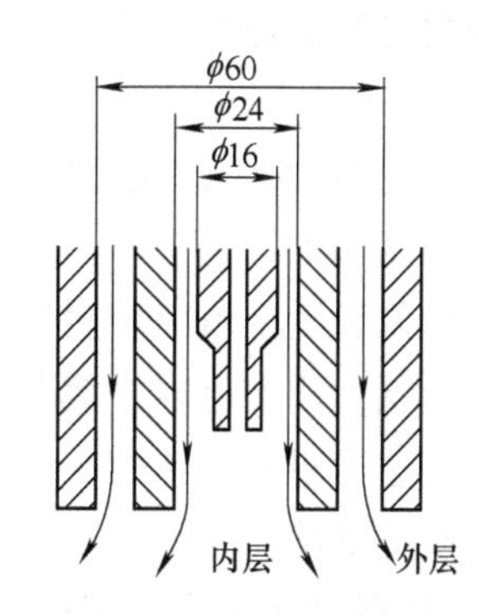

图 4-12　双层气流保护示意图

采用双层气流保护的目的一般有以下两个：

① 提高保护效果。熔化极气体保护焊时，由于电流密度较大，易产生较强的等离子流，容易将保护气层破坏而卷入空气，破坏保护效果。这在大电流熔化极惰性气体保护电弧焊时尤其严重。将保护气分内、外层流入保护区，外层的保护气流可以较好地将外围空气与内层保护气隔开，防止空气卷入，提高保护效果。对于铝合金大电流焊可以收到显著的效果。此时，两层保护气可用同种气体，但流量不同，需要合理配置，一般内层气体流量与外层气体流量的比为 1 ~2 时可以得到较好的效果。

② 节省高价气体。熔化极气体保护焊焊接钢材时，为获得喷射过渡需要用富氩气体保护。但是，影响熔滴过渡形式的气体环境只是直接与电弧本身相接触的部分。为了节省高价的氩气，可以采用内层氩气保护电弧区、外层 $CO_2$ 气体保护熔池。少量 $CO_2$ 气体卷入内层氩气体保护区，仍能保证富氩性能。保证稳定的喷射过渡特点。熔池在 $CO_2$ 气体保护下凝固结晶，可以得到性能良好的焊接接头，采用富氩保护气时需要消耗 80% Ar + 20% $CO_2$（体积分数），而采用这种双层气流保护时，焊接效果相同，但气体消耗是 80% $CO_2$ + 20% Ar（体积分数），故可以大幅度降低成本。

（4）焊丝　熔化极惰性气体保护焊使用的焊丝成分通常应和母材的成分相近，它应具有良好的焊接工艺性能，并能获得良好的接头性能。

熔化极惰性气体保护焊使用的焊丝直径一般为 0.8 ~2.5mm。在焊丝加工过程中进入焊丝表面的拔丝剂、油或其他的杂质可能引起气孔、裂纹等缺陷。因此，焊丝使用前必须经过严格的化学或机械清理。另外，由于焊丝需要连续而流畅地通过焊枪送进焊接区，所以，焊丝一般是以适当尺寸的焊丝卷或焊丝盘的形式提供的。

（5）焊接参数　影响焊缝成形和工艺性能的焊接参数主要有焊接电流、电弧电压、焊接速度、焊丝伸出长度、焊丝的倾角、焊丝直径、焊接位置、极性等。此外，保护气体的种类和流量大小也会影响熔滴过渡、焊缝的形状和焊接质量。

1）焊接电流和电弧电压。通常根据工件的厚度选择焊丝直径，然后再确定焊接电流和熔滴过渡类型。焊接电流增加，焊缝熔深和余高增加，而熔宽则几乎保持不变，电弧电压增加，焊缝熔宽增加，而熔深和余高略有减小。若其他参数不变，在任何给定的焊丝直径下，增大焊接电流，焊丝熔化速度增加，因此需要相应地增加送丝速度。同样的送丝速度，较粗的焊丝需要较大的焊接电流。焊丝的熔化速度是电流密度的函数，同样的电流值，焊丝直径越小，焊接电流密度越大，焊丝熔化速度就越高。不同材料的焊丝具有不同的熔化速度特性。焊丝直径一定时，焊接电流（即送丝速度）的选择与熔滴过渡类型有关。焊接电流较小时，熔滴为滴状过渡（若电弧电压较低，则为短路过渡）；当电流达到临界电流值时，熔滴为喷射过渡。焊接电流一定时，电弧电压应与焊接电流相匹配，以避免气孔、飞溅和咬边等缺陷。

2）焊接速度。焊接速度是焊枪沿焊缝中心线方向的移动速度。其他条件不变时，熔深随焊接速度增加，并有一个最大值。当焊接速度再增大时，熔深和熔宽会减小。焊接速度减小时，单位长度上填充金属的熔敷量增加，熔池体积增大，由于这时电弧直接接触的只是液态熔池金属，固态母材金属的熔化是靠液态金属的导热作用实现的，故熔深减小，熔宽增加；焊接速度过高，单位长度上电弧传给母材的热量显著降低，母材的熔化速度减慢，有可能产生咬边缺陷。

3）焊丝伸出长度。焊丝的伸出长度越长，焊丝的电阻热越大，焊丝的熔化速度即越快。焊丝伸出长度一般为焊丝直径 10 倍左右。焊丝伸出长度过长会导致电弧电压下降，熔敷金属过多，焊缝成形不良，熔深减小，电弧不稳定；焊丝伸出长度过短，电弧易烧导电嘴，且金属飞溅易堵塞喷嘴。

4）焊丝位置。焊丝向前倾斜焊接时，称为前倾焊法；焊丝向后倾斜焊接时，称为后倾焊法。当其他条件不变，焊丝由垂直位置变为后向焊法时，熔深增加，而焊道变窄且余高增大，电弧稳定，飞溅小。倾角为 25°的后向焊法常可获得最大熔深。一般倾角为 5°～15°，以便良好地控制焊接熔池。

5）焊接位置。喷射过渡可适用于平焊、立焊、仰焊位置。平焊时，工件相对于水平面的斜度对焊缝成形、熔深和焊接速度有影响，若采用下坡焊（通常工件相对于水平面夹角≤15°），焊缝余高减小，熔深减小，焊接速度可以提高，有利于焊接薄板金属；若采用上坡焊，重力使焊接金属后淌，熔深和余高增加，而熔宽减小。

6）气体流量。从喷嘴喷出的保护气体为层流时，有较大的有效保护范围和较好的保护作用。因此，为了得到层流的保护气流，加强保护效果，需采用结构设计合理的焊枪和合适的气体流量。气体流量过大或过小均会造成紊流。由于熔化极惰性气体保护电弧焊对熔池的保护要求较高，如果保护不良，焊缝表面便起皱纹，所以喷嘴孔径及气体流量均比钨极氩弧焊要相应增大。通常喷嘴孔径为 20mm 左右，气体流量为 30～60L/min。

**2. 熔化极氩弧焊的设备的组成**

熔化极气体保护焊采用可熔化的焊丝与被焊工件之间的电弧作为热源来熔化焊丝与母材金属，并向焊接区输送保护气体，使电弧、熔化的焊丝、熔池及附近的母材金属免受周围空气的有害作用。连续送进的焊丝金属不断熔化并过渡到熔池，与熔化的母材金属熔合形成焊缝金属，从而使工件相互连接。由于熔化极气体保护焊对焊接区的保护简单、方便，焊接区便于观察，焊枪操作方便，生产效率高，易进行全位置焊，易实现机械化和自动化，因此在实际生产中被广泛采用。目前，电弧焊领域的机械化、自动化发展方向主要是最大限度地采用熔化极气体保护焊和埋弧焊代替焊条电弧焊。随着现代化生产的发展，熔化极气体保护焊

在焊接生产中将占有越来越重要的地位。

熔化极气体保护焊设备可分为半自动焊和自动焊两种类型。焊接设备主要由焊接电源、送丝系统、焊枪及行走系统（自动焊）、供气系统和冷却水系统、控制系统五个部分组成。焊接电源提供焊接过程所需要的能量，维持焊接电弧的稳定燃烧，送丝机将焊丝从焊丝盘中拉出并将其送给焊枪。焊丝通过焊枪时，通过与铜导电嘴的接触而带电，导电嘴将电流由焊接电源输送给电弧，供气系统提供焊接时所需要的保护气体，将电弧、熔池保护起来。如采用水冷焊枪，则还配有冷却水系统。控制系统主要是控制和调整整个焊接程序：开始和停止输送保护气体和冷却水，起动和停止焊接电源接触器，以及按要求控制送丝速度和焊接小车行走方向、速度等。半自动熔化极气体保护电弧焊设备如图 4-13 所示。

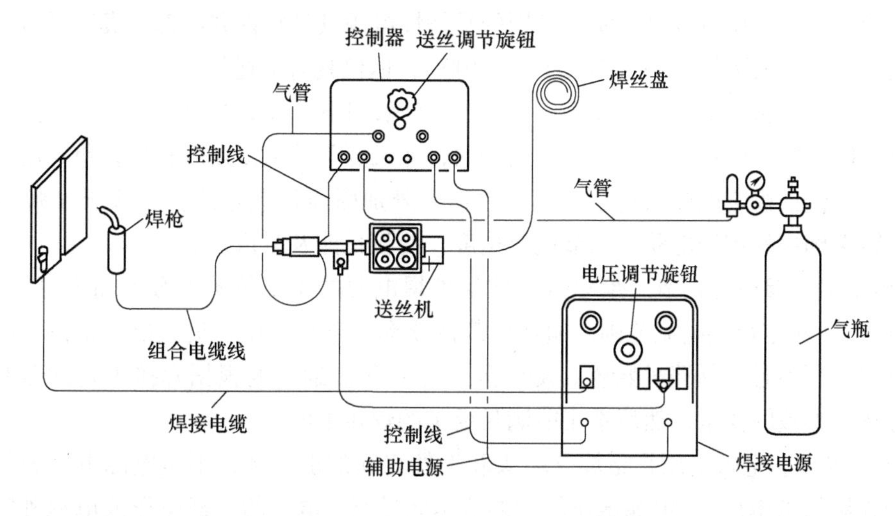


a)

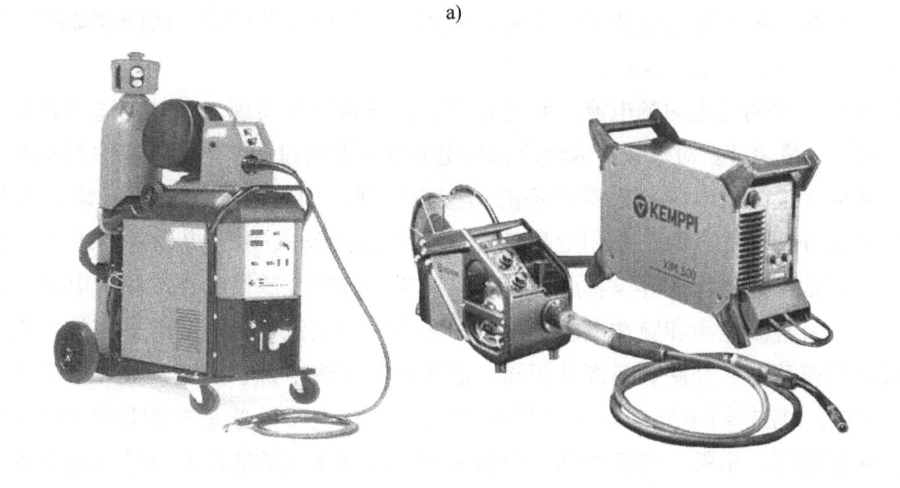


b)

图 4-13　半自动熔化极气体保护电弧焊设备示意图

a）示意图　b）常见 MIG 焊设备

（1）电源　熔化极气体保护焊通常采用直流焊接电源，目前生产中使用较多的是弧焊整流器式直流电源。近年来，逆变式弧焊电源发展也较快。焊接电源的额定功率取决于各种用途所要求的电流范围。熔化极气体保护焊所要求的电流通常为100～500A，电源的负载持续率为60%～100%，空载电压为55～85V。

1）焊接电源的外特性。熔化极气体保护焊的焊接电源按外特性类型可分为三种：平特性（恒压）、陡降特性（恒流）和缓降特性。

当保护气体为惰性气体（如纯Ar）、富氩和氧化性气体（如$CO_2$），焊丝直径小于$\phi$1.6mm时，在生产中广泛采用平特性电源。这是因为平特性电源配合等速送丝系统具有许多优点，可通过改变电源空载电压调节电弧电压，通过改变送丝速度来调节焊接电流，故焊接参数调节比较方便。使用这种外特性电源，当弧长变化时可以有较强的自调节作用；同时短路电流较大，引弧比较容易。实际使用的平特性电源其外特性并不都是真正平直的，而是带有一定的下倾，其下倾率一般不大于5V/100A，但仍具有上述优点。

当焊丝直径较粗（大于$\phi$2mm），生产中一般采用下降特性电源，配用变速送丝系统。由于焊丝直径较粗，电弧的自身调节作用较弱，弧长变化后恢复速度较慢，单靠电弧的自身调节作用难以保证稳定的焊接过程，因此也需要外加弧压反馈电路，将弧压（弧长）的变化及时反馈送到送丝控制电路，调节送丝速度，使弧长能及时恢复。

2）电源输出参数的调节。熔化极气体保护焊电源的主要技术参数有输入电压（相数、频率、电压）、额定焊接电流范围、额定负载持续率、空载电压、负载电压范围、电源外特性曲线类型（平特性、缓降外特性、陡降外特性）等。通常要根据焊接工艺的需要确定对焊接电源技术参数的要求，然后选用能满足要求的焊接电源。

① 电弧电压。电弧电压是指焊丝端头和工件之间的电压降，不是电源电压表指示的电压（电源输出端的电压）。电弧电压的预调节是通过调节电源的空载电压或电源外特性斜率来实现的。平特性电源主要通过调节空载电压来实现电弧电压的调节。缓降或陡降特性电源主要通过调节外特性斜率来实现电弧电压调节。

② 焊接电流。平特性电源的电流主要通过调节送丝速度来实现，有时也适当调节空载电压来进行电流的少量调节。对于缓降或陡降特性电源则主要通过调节电源外特性斜率来实现。

总之，MIG焊设备的电源要根据设备的类型来选择，均匀送丝（弧压反馈）式焊接设备要求使用陡降外特性的电源，采用亚射流过渡的等速送丝式MIG焊设备要求使用恒流特性的电源，而其他等速送丝式焊设备要求使用具有缓降外特性或平特性的弧焊电源。MIG焊设备使用的电源有直流电源和脉冲电源两种，一般不使用交流电源。通常采用的直流电源有磁放大器式弧焊整流器、晶闸管弧焊整流器、晶体管式弧焊电源、逆变式弧焊电源等几种。

（2）控制箱　控制箱中装有焊接时序控制电路。其主要任务是控制焊丝的自动送进、提前送气、滞后停气、引弧、电流通断、电流衰减、冷却水流的通断及焊丝的送进等。对于自动焊机，还要控制小车行走机构。

控制系统由焊接参数控制系统和焊接过程程序控制系统组成。焊接参数控制系统主要由焊接电源输出调节系统、送丝速度调节系统、小车（或工作台）行走速度调节系统（自动焊）和气流量调节系统组成。它们的作用是在焊前或焊接过程中调节焊接电流或电压、送丝速度、焊接速度和气流量的大小。焊接设备的程序控制系统的主要作用如下：

1）控制焊接设备的起动和停止。

2）控制电磁气阀动作，实现提前送气和滞后停气，使焊接区受到良好保护。

3）控制水压开关动作，保证焊枪受到良好的冷却。

4）控制引弧和熄弧。熔化极气体保护焊的引弧方式一般有三种：爆断引弧（焊丝接触工件，通电使焊丝与工件接触处熔化，焊丝爆断后引燃电弧）；慢送丝引弧（焊丝缓慢送向工件直到电弧引燃，然后提高送丝速度）和回抽引弧（焊丝接触工件，通电后回抽焊丝引燃电弧）。熄弧方式有两种：电流衰减（送丝速度也相应衰减，填满弧坑，防止焊丝与工件粘连）和焊丝返烧（先停止送丝，经过一定时间后切断焊接电源）。

5）控制送丝和小车（或工作台）移动（自动焊时）。

程序控制是自动的。半自动焊焊接起动开关装在手把上。当焊接起动开关闭合后，整个焊接过程按照设定的程序自动进行。程序控制的控制器由延时控制器、引弧控制器、熄弧控制器等组成。

图4-14分别是半自动和自动 $CO_2$ 焊的焊接程序，由于均属于熔化极气体保护焊，焊接程序近似。

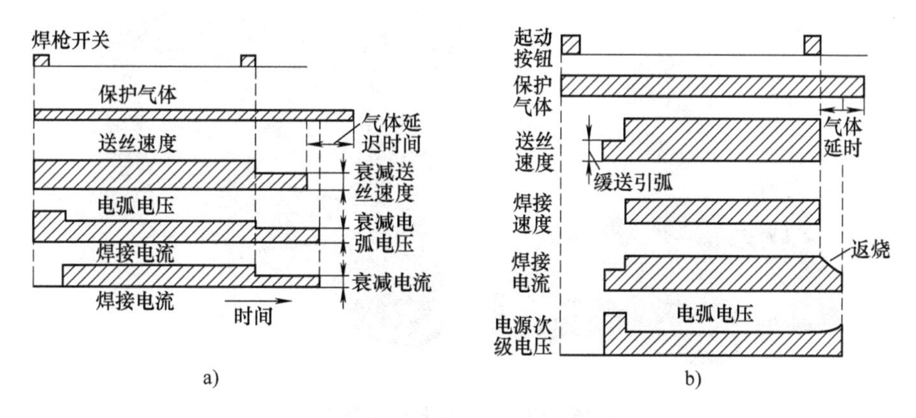


图4-14　$CO_2$ 焊的焊接程序

a）半自动 $CO_2$ 焊焊接程序　b）自动 $CO_2$ 焊焊接程序

除程序控制外，高档焊接设备还有焊接参数自动调节系统，当受到外界干扰时，能自动地维持正常的焊接参数焊接。

（3）气路和水路　焊机的气路系统由气瓶、减压阀、流量计、软管及气阀组成。水路系统通以冷却水，用于冷却焊炬及电缆，通常水路中设有水压开关，当水压太低或断水时，水压开关将断开控制系统的电源，使焊机停止工作，保护焊接设备不被损坏。

供气系统通常与钨极氩弧焊相似，对于 $CO_2$ 气体，通常还需要安装预热器和干燥器，以吸收气体中的水分，防止焊缝中生成气孔。对于熔化极活性气体保护焊还需要安装气体混合装置，先将气体混合均匀，再送入焊枪。

水冷式焊枪的冷却水系统由水箱、水泵和冷却水管及水压开关组成。水箱中的冷却水经水泵流经冷却水管，经水压开关后流入焊枪，经冷却水管再回流入水箱，形成冷却水循环。水压开关的作用是保证当冷却水未流经焊枪时，焊接系统不能起动焊接，以保护焊枪，避免

由于未经冷却而烧坏。

1）供气系统。MIG焊的供气系统与钨极氩弧焊相同。但对于$CO_2$气体保护焊一般还需在$CO_2$气瓶出口处安装预热器和高压干燥器，前者用以防止$CO_2$从高压降至低压时吸热而引起气路结冰堵塞，后者用以去除气体中的水分。有时在减压之后再安装一个低压干燥器，再次吸收气体中的水分，以防止焊缝中产生气孔，如图4-15、图4-16所示。

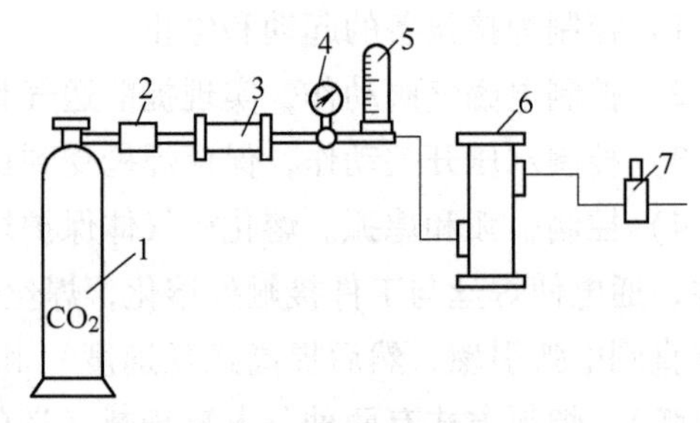


图4-15　$CO_2$供气系统示意图

1—气瓶　2—预热器　3—高压干燥器　4—气体减压阀　5—气体流量计　6—低压干燥器　7—气阀

为了紧凑，常把预热过程和干燥过程结合在一起，一体式预热干燥器的结构如图4-17所示。预热是由电阻丝加热，一般用36V交流电，功率75～100W。干燥剂常用硅胶或脱水硫酸铜，吸水后其颜色会发生变化，经加热烘干后可重复使用。

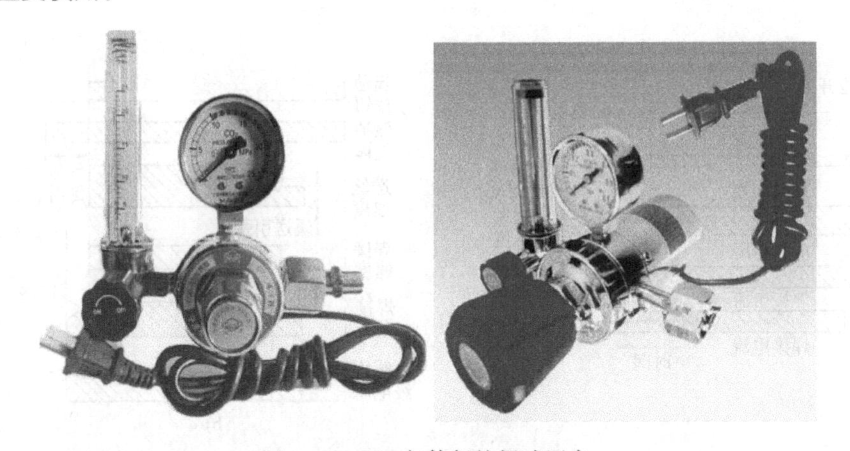

图4-16　$CO_2$气体保护焊减压表

对于混合气体保护焊还需要配备气体混合装置，先将气体混合均匀，再送入焊枪，按图4-18所示的气体混合比与流量关系，可以确定气体流量。

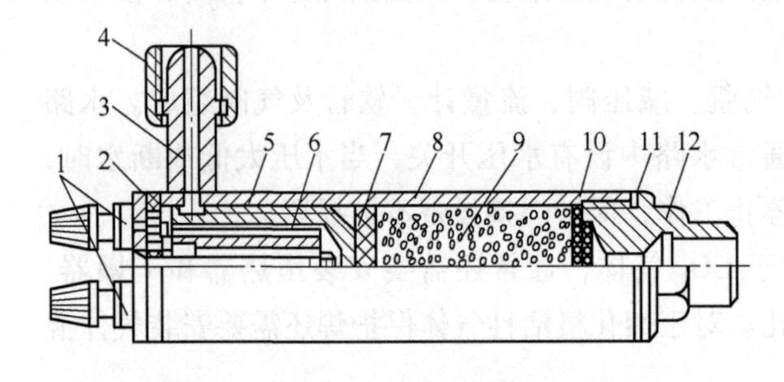


图4-17　一体式预热干燥器

1—电源接线柱　2—绝缘垫　3—进气接头　4—接头螺母　5—电热器　6—导气管　7—气筛垫　8—壳体　9—硅胶　10—毡垫　11—铅垫圈　12—出气接头

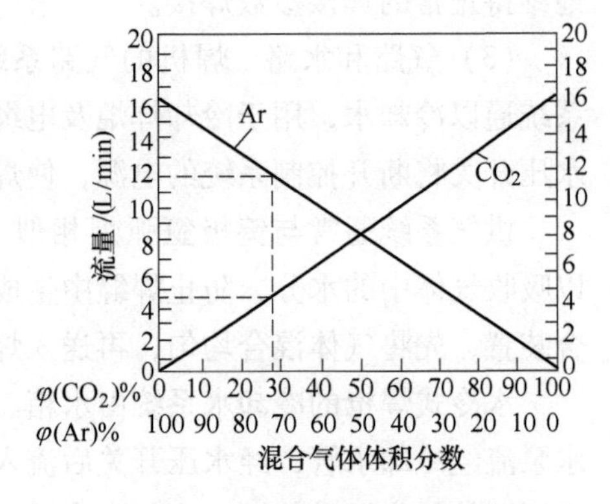


图4-18　气体混合比与流量的关系

若用双层不同的气体保护，则需要两套独立的供气系统。

2）水冷系统。用水冷式焊枪，必须有水冷系统，一般由水箱、水泵和冷却水管及水压开关组成。其水路与TIG焊水冷系统相同。冷却水可循环使用。水压开关的作用是保证当冷却水未流进焊枪时，焊接系统不能起动，以达到保护焊枪的目的。

（4）焊枪　焊枪是焊机系统的执行部件，按结构分为自动和半自动两类，通常必须满足以下要求：

1）把焊丝稳定、连续、准确地送达焊接区，且抗干扰能力强。

2）导电嘴导电性能优异，耐磨，熔点较高。我国常用铬锆铜、镍钛铜或导电嘴专用铜合金材料。

3）对焊接区保护可靠。

4）半自动焊枪要具有轻便、操作灵活自如、操作者易于观察焊接区等要求。

熔化极气体保护焊的焊枪分为半自动焊焊枪（手握式）和自动焊焊枪（安装在机械装置上）。在焊枪内部装有导电嘴（紫铜或铬铜等）。焊枪还有一个向焊接区输送保护气体的通道和喷嘴。喷嘴和导电嘴根据需要都可方便地更换。此外，焊接电流通过导电嘴等部件时产生的电阻热和电弧辐射热一起，会使焊枪发热，故需要采取一定的措施冷却焊枪。冷却方式有：空气冷却，内部循环水冷却，或两种方式相结合。对于空气冷却焊枪，在$CO_2$气体保护焊时，断续负载下一般可使用高达600A的电流。但是，在使用氩气或氦气保护焊时，通常只限于200A电流。

自动焊焊枪的基本构造与半自动焊焊枪相同，但其载流容量较大，工作时间较长，有时要采用内部循环水冷却。焊枪直接装在焊接机头的下部，焊丝通过送丝轮和导丝管送进焊枪中。

手握式焊枪用于半自动焊，常用的有鹅颈式（图4-19a）和手枪式（图4-19b）两种形式。前者用于小直径焊丝，轻巧灵便，特别适合结构紧凑、难以达到的拐角处和某些受限制区域的焊接，后者适合于较大直径的焊丝，它对冷却要求较高。

用于自动焊的焊枪根据焊丝的粗细或焊接电流大小等因素选择空冷式或水冷式的结构。

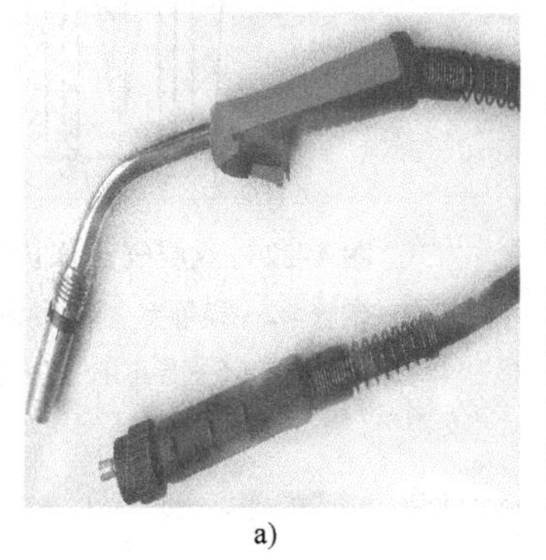
a)

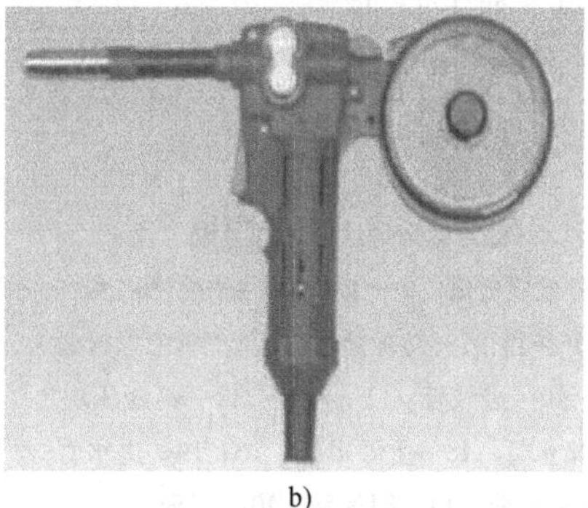
b)

图4-19　熔化极气体保护半自动焊枪

a）鹅颈式（气冷）　b）手枪式（水冷）

用细丝焊时因焊接电流较小，可以选用图 4-20 所示的空冷式焊枪结构；粗丝要用较大的焊接电流，故应选用水冷式的焊枪结构，如图 4-21 所示；在 MIG 焊或 MAG 焊时，为了提高保护效果和节省氩气，还可以选用双层气流保护的自动焊枪，如图 4-22 所示，该焊枪的喷嘴由两个同心喷嘴组成，气流分别从内外喷嘴流出；当用自保护药芯焊丝进行焊接时，因不需要保护气体，故无需喷嘴，可采用如图 4-23 所示的简单的焊枪。该焊枪为了提高焊丝的熔化效率，采用较大的焊丝伸出长度，此时，为了确保焊丝指向性稳定，在导电嘴外附加一个绝缘外伸导管。

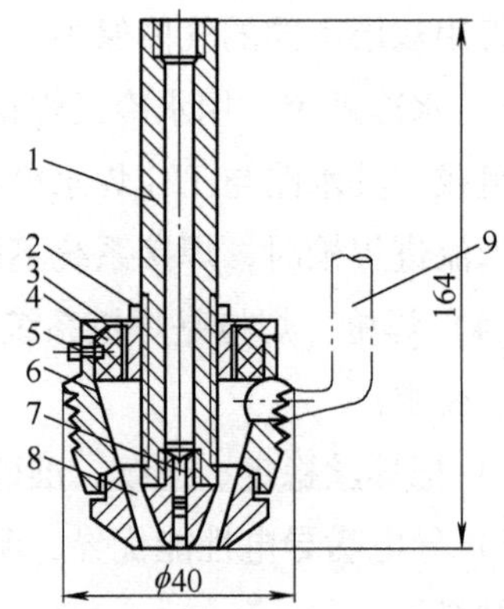


图 4-20　细丝空冷式自动化焊枪

1—导电杆　2—锁紧螺母　3—衬套　4—绝缘衬套　5—螺钉　6—枪体　7—导电嘴　8—喷嘴　9—通气管

表 4-12 为国产鹅颈式气冷熔化极气体保护焊焊枪技术数据。

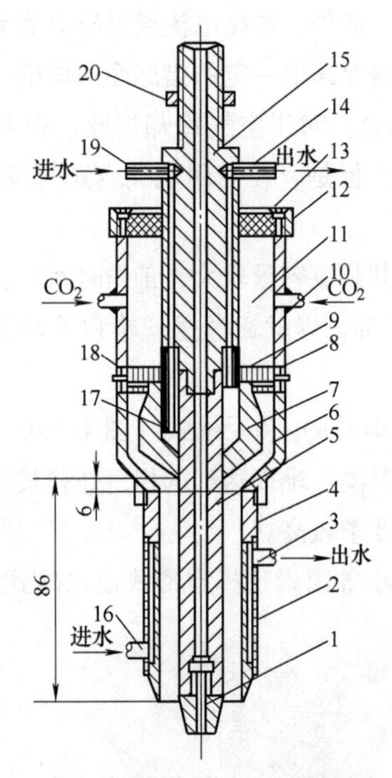


图 4-21　粗丝水冷式自动化焊枪

1—导电嘴　2—喷嘴外套　3—出水管　4—喷嘴内套　5—下导电杆　6—外套　7—纺织锤形内套　8—绝缘衬套　9—出水连接管　10—进气管　11—气室　12—绝缘压块　13—背帽　14—出水管　15—上导电杆　16、19—进水管　17—进水连接管　18—铜丝网　20—螺母

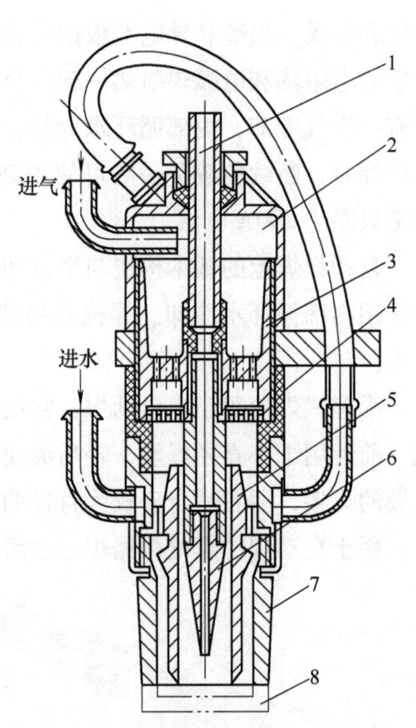


图 4-22　双层气流保护的自动焊枪

1—钢管　2—镇静室　3—导流体　4—铜筛网　5—分流套　6—导电嘴　7—喷嘴　8—帽盖

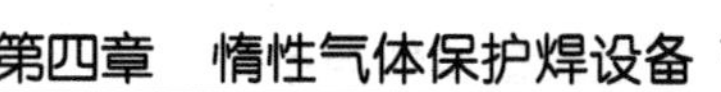


表 4-12　鹅颈式气冷熔化极气体保护焊焊枪技术数据

| 焊枪型号 | GA—15C | GA—20C | GA—40C | GA—40GL |
|---|---|---|---|---|
| 负载持续率（%） | 60 | 100 | 60 | 60 |
| 额定电流/A① | 150 | 200 | 400 | 400 |
| 焊丝种类 | 钢焊丝 | 钢焊丝 | 钢焊丝 | 药芯焊丝 |
| 焊丝直径/mm | 0.8~1.0 | 0.8~1.2 | 1.0~2.0 | 1.2~2.4 |
| 电缆型号 | YHQB | YHQB | YHQB | — |
| 电缆长度/m | 3 | 3 | 3 | 3 |
| 电缆截面积/$mm^2$ | 13 | 35 | 45 | 50 |

① 额定电流及相应的负载持续率为使用 $CO_2$ 的条件下。

（5）送丝系统　送丝系统通常由送丝机（包括电动机、减速器、矫直轮、送丝轮）、送丝软管、焊丝盘等组成。

盘绕在焊丝盘上的焊丝经过矫直轮和送丝轮送往焊枪。根据送丝方式的不同，送丝系统可分为推丝式、拉丝式、推拉丝式三种类型，如图 4-24 所示。

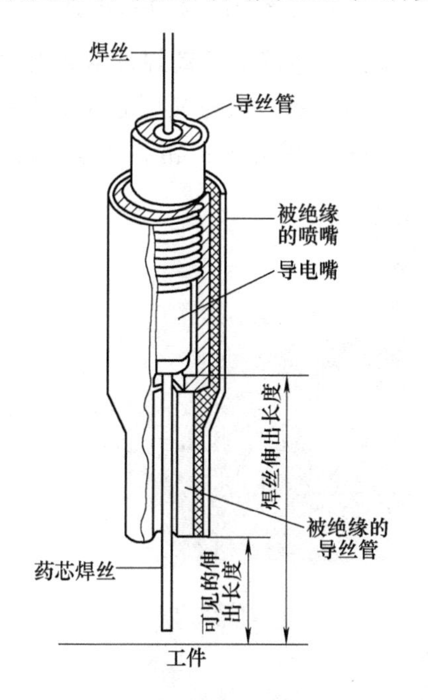


图 4-23　自保护药芯焊丝用自动焊枪

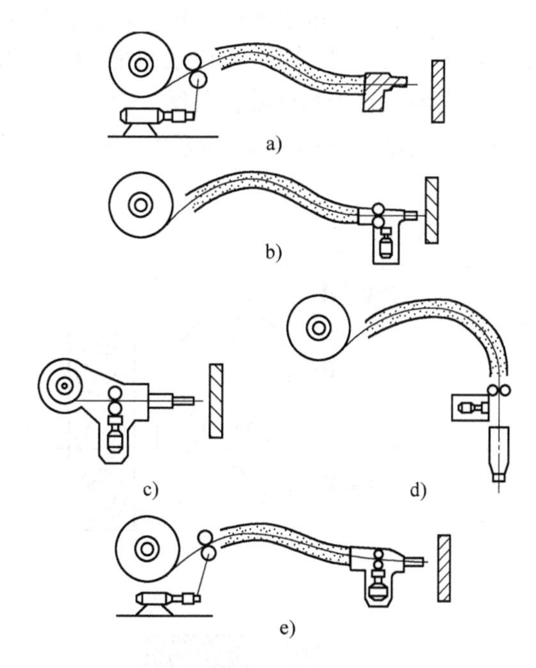


图 4-24　送丝方式示意图

a）推丝式　b）、c）、d）拉丝式　e）推拉丝式

1）推丝式。推丝式是焊丝被送丝轮推送经过软管而达到焊枪，是半自动熔化极气保护焊的主要送丝方式。这种送丝方式的焊枪结构简单、轻便、操作维修都比较方便，但焊丝送进的阻力较大。随着软管的加长，送丝稳定性变差，一般送丝软管长为 3.5~4m。

2）拉丝式。拉丝式可分为三种形式。一种是将焊丝盘和焊枪分开，两者通过送丝软管连接。另一种是将焊丝盘直接安装在焊枪上。这两种都适用于细丝半自动焊，但前一种操作比较方便。还有一种是不但焊丝盘与焊枪分开，而且送丝电动机也与焊枪分开，这种送丝方

式可用于自动熔化极气体保护焊。

3）推拉丝式。这种送丝方式的送丝软管最长可以加长到15m左右，扩大了半自动焊的操作距离。焊丝前进时既靠后面的推力，又靠前边的拉力，利用合力来克服焊丝在软管中的阻力。推拉丝在调试过程中要有一定配合，尽量做到同步，但以拉丝为主。焊丝送进过程中，始终要保持焊丝在软管中处于拉直状态。这种送丝方式常用于半自动熔化极气体保护焊。

（6）送丝机构　送丝系统中核心部分是送丝机构，通常是由动力部分（电动机）、传动部分（减速器）和执行部分（送丝轮）等组成。由于采用的传动方式和执行机构不同，目前有三种送丝机构。

1）平面式送丝机构。其基本特点是送丝滚轮旋转面与焊丝输送方向在同一平面上，如图4-25所示。

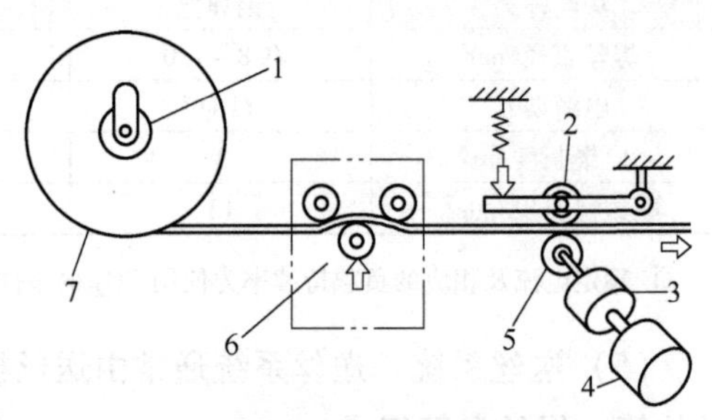


图4-25　平面式送丝机构

1—焊丝盘转轴　2—送丝滚轮（压紧轮）　3—减速器　4—电动机　5—送丝滚轮（主动轮）　6—焊丝矫直机构　7—焊丝盘

从焊丝盘出来的焊丝，经矫直轮矫直后进入两只送丝滚轮之间，滚轮由电动机驱动，靠滚轮与焊丝间的摩擦力驱动焊丝沿切线方向移动。根据焊丝直径和材质，送丝滚轮可以是一对或2～3对。每对滚轮又可分为单主动滚轮或双主动滚轮（如图4-26所示）。单主动滚轮的缺点是从动滚轮易打滑，送丝不够稳定；

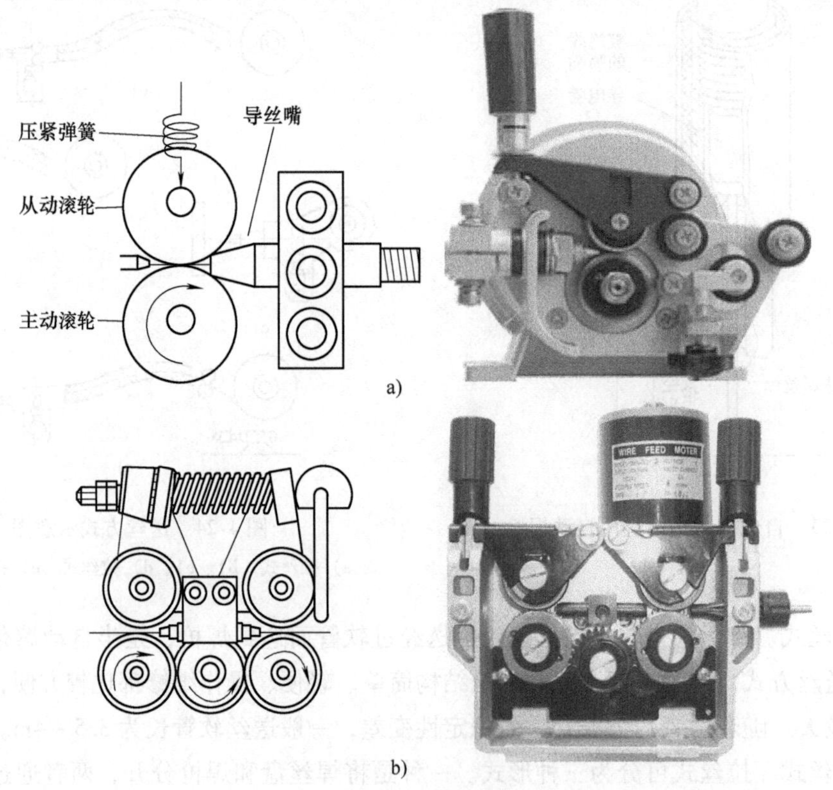


图4-26　送丝滚轮

a）单主动滚轮　b）双主动滚轮

双主动滚轮靠齿轮啮合而传动，增大送进力，减小焊丝偏摆，焊丝指向性强，因而送丝稳定性好，但两主动滚轮尺寸须相等，否则焊丝会打滑。送丝滚轮的表面形状有多种，如图4-27所示。其中轮缘压花且带V形槽，这样能有效地防止焊丝打滑和增加送进力，但容易压伤焊丝表面，增加送丝阻力和导电嘴的磨损。滚轮材料常用45钢，制成后淬火达45~50HRC，以增强耐磨性。

送丝电动机常用国产S系列的直流伺服电动机。

2）三滚轮行星式送丝机构。其工作原理如图4-28所示，是根据“轴向固定的旋转螺母能轴向送进螺杆”的原理设计而成。三个互成120°角的滚轮交叉地装在一块底座上，组成一个驱动盘。该驱动盘相当于螺母，通过三个滚轮中间的焊丝相当于螺杆。驱动盘由小型永磁电动机带动，要求电动机的主轴是空心的。在电动机的一端或两端装上驱动盘后，便组成一个行星式送丝机构单元。送丝机构工作时，焊丝从一端的驱动盘进入，通过电动机中空轴，从另一端的驱动盘送出。驱动盘上的三个滚轮与焊丝之间有一个预先调定的螺旋角，当电动机的主轴带动驱动盘旋转时，三个滚轮即向焊丝施加一个轴向推力，把焊丝往前推送。在送丝过程中，三个滚轮同时绕本身轴自转。调节电动机的转速即可调节送丝速度。

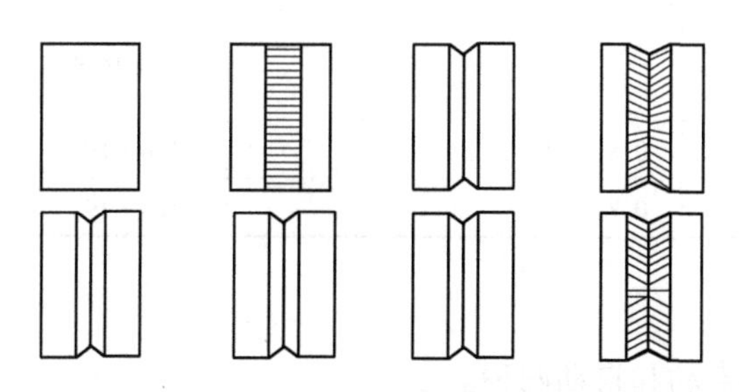
图4-27　V形槽送丝滚轮的不同组合

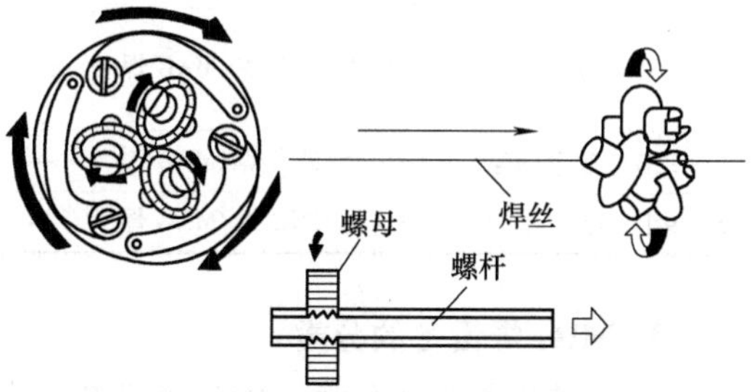

图4-28　三滚轮行星式送丝机构的工作原理

由于焊丝送进方向与电动机的主轴中心线位于一条直线上，故又称线式送丝机构。

这种送丝机构送丝滚轮均匀地作用在焊丝周围，不易引起焊丝变形和压出深痕，适用于输送药芯焊丝（$\phi$1.6~$\phi$2.8mm）和小直径焊丝，如铝焊丝等。

可以将几个行星式送丝机构单元一级一级地串联起来，组成很长的线式送丝系统，每一级中的送丝机构单元，起“接力站”作用，这样可获得远距离输送焊丝。

3）双滚轮行星式送丝机构。其工作原理如图4-29所示。特点是驱动焊丝的两只送丝滚轮的工作面为双曲面，每只送丝滚轮一面绕焊丝公转，一面自转。公转一周焊丝被送进一个螺距$S$，$S$的大小由送丝轮与焊丝间的夹角决定。

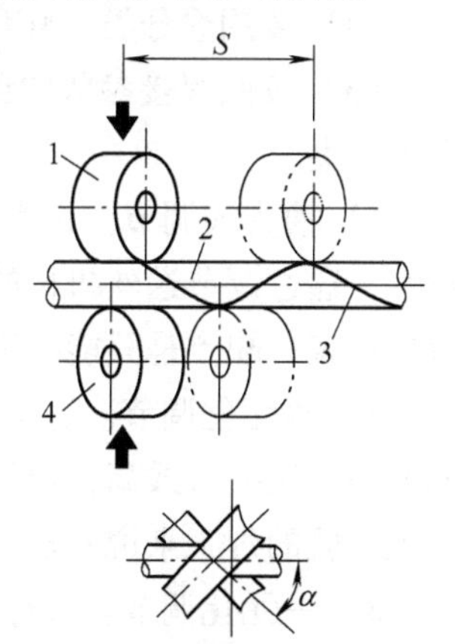

图4-29　双滚轮行星式送丝机械工作原理
1、4—送丝滚轮　2—焊丝
3—螺旋轨迹

因滚轮工作面为双曲面，与焊丝表面接触面积大，可向焊丝传递较大的轴向推力而不至于伤害焊丝表面。和上述三滚轮行星式送丝机构一样，由空心轴电动机驱动，不需减速器，也不需矫直机构，因送丝过程中送丝滚轮同时对焊丝有矫直作用，故体积和质量小。

现国内已有专业厂生产可与各种半自动熔化极气体保护焊电源配套使用的送丝机构，见表4-13。

**表4-13 部分国产熔化极气体保护焊送丝机**

| 型　　号 | 适用范围 | 送丝直径/mm | | | 送丝速度/(m/min) |
|---|---|---|---|---|---|
| | | 细实心焊丝 | 铝实心焊丝 | 药芯焊丝 | |
| S86A系列 | $CO_2$焊 | 0.8～1.2 | — | 最大3.2 | 1.7～2.4 |
| SDY—155 | $CO_2$焊/MIG焊/MAG焊 | 0.8、1.0、1.2、1.6 | 1.2、1.6、2.0、2.4 | 1.2、1.6、2.0、2.4 | 1.5～16 |
| HG系列 | $CO_2$焊 | 1.0、1.2、1.6、2.0 | — | — | 1～15 |
| SS—HB | $CO_2$焊 | 1.0、1.2、1.6、2.0 | — | — | 1～15 |
| NT系列 | $CO_2$焊/MIG焊/MAG焊 | 0.8、1.0、1.2、1.6 | — | — | 1.5～18 |
| S—52A | $CO_2$焊/MIG焊/MAG焊 | 0.8～1.6 | — | — | 2.5～18.4 |
| S—52D（双主动轮） | $CO_2$焊/MIG焊/MAG焊 | — | 0.8～2.0 | — | 1.8～19 |
| S—54D（四主动轮） | $CO_2$焊/MIG焊/MAG焊 | — | 0.8～2.0 | — | 1.8～19 |

**3. MIG焊设备的分类**

（1）按操作方式分类　MIG焊设备可分为半自动和自动两种。

（2）按所用的电源分类　MIG焊设备可分为直流及脉冲两种。

（3）按送丝方式分类　MIG焊可分为等速送丝式和均匀送丝式两种。

（4）按用途分类　MIG焊可分为通用设备和专用设备两种。

（5）按照焊接参数的调节方式　根据焊接电流的调节方式的不同，MIG焊设备可分为以下三类。

1）抽头式调节。这类设备一般设有粗调和细调两个转换开关，用于调节焊接电源的外特性，通过调节送丝机构的送丝速度调节电弧的稳定工作点。这种设备的优点是设备简单、价格便宜；缺点是只能有级调节，调节精度差，调节过程繁琐。

2）两元化调节。这类设备一般设有两个旋钮，分别用于调节焊接电流及电弧电压。其调节精度比抽头式高，但焊接参数的调节仍较麻烦，焊接电流与电弧电压需要合理匹配，对于无经验的焊工来说是非常困难的。

3）一元化调节。又称单旋钮式设备，这类设备仅设有一个电流调节按钮，调节焊接电流后，控制系统自动选定与该电流匹配的电弧电压，通常都能满足焊接要求，焊工只需根据焊缝形状、熔合情况或飞溅大小修正一下电弧电压就能获得更满意的效果。

**4. 熔化极气体保护焊机及其选用**

（1）焊机的技术性能　近年我国熔化极气体保护焊工艺迅猛发展，这与高技术性能焊

机的研发和大量进口国外的先进设备有关。目前国内气体保护焊机市场上种类繁多、规格齐全，技术含量不断提高。现把当前比较典型的焊机性能归纳如下。

抽头式整流焊机和晶闸管整流焊机的技术性能见表4-14，其中晶闸管整流焊机国内许多厂家都有生产，主要电路是双反星形带平衡电抗的形式，为国内熔化极气体保护焊机的主要机型。

**表4-14 抽头式和晶闸管整流焊机的技术参数**

| 型号 | NBC-160 | NBC-250 | NBC-400 | NBC-200 | NBC-350 | NBC-500 | NBC-600 |
|---|---|---|---|---|---|---|---|
| 额定输入电压/V | 380 | 380 | 380 | 380 | 380 | 380 | 380 |
| 相数 | 3 | 3 | 3 | 3 | 3 | 3 | 3 |
| 频率/Hz | 50 | 50 | 50/60 | 50/60 | 50/60 | 50/60 | 50/60 |
| 整流/逆变方式 | 三相桥全波 | 三相桥全波 | 三相桥全波 | 双反星形带平衡电抗器 | 双反星形带平衡电抗器 | 双反星形带平衡电抗器 | 双反星形带平衡电抗器 |
| 额定输入功率/kW | — | — | — | 6.5 | 16.2 | 28.1 | 45 |
| 额定电流/A | 160 | 250 | 400 | 200 | 350 | 500 | 600 |
| 电流调节范围/A | 40~160 | 60~250 | 80~400 | 50~200 | 60~350 | 60~500 | 60~600 |
| 空载电压/V | 18~29 | 19~37 | 20~50 | 33 | 45~55 | 55~70 | 80 |
| 电压调节范围/V | 16~22 | 17~27 | 18~34 | 14~25 | 16~36 | 16~45 | 15~55 |
| 负载持续率（%） | 60 | 60 | 60 | 50~60 | 50~60 | 60 | 100 |
| 效率（%） | 85 | 84 | 81 | — | — | — | — |
| 功率/(kV·A) | 4.5 | 9.2 | 18.8 | 7.5 | 18 | 32 | — |
| 外特性 | 平 | 平 | 平 | L | L | L | L |
| 调节方式 | 抽头 | 抽头 | 抽头 | 晶闸管 | 晶闸管 | 晶闸管 | 晶闸管 |
| 工作周期/min | 10 | 10 | 10 | 10 | 10 | 10 | 10 |
| 送丝方式 | 拉丝 | 推丝 | 推丝 | 推丝 | 推丝 | 推丝 | 推丝 |
| 送丝速度/(m/min) | 2~9 | 2~12 | 2~12 | 1~16 | 1~16 | 1~16 | 1~16 |
| 质量/kg | 98 | 148 | 166 | 125 | 140 | 175 | 220 |
| 焊丝种类 | — | — | — | 实心/药芯 | 实心/药芯 | 实心/药芯 | 实心/药芯 |

逆变式整流焊机的技术性能见表4-15，国内主要厂家都有生产。主要功率器件为IGBT管，大多数带有电流波形控制，属于当前较为先进的机型。

表4-16所列是过产和进口的逆变式极脉冲MIG/MAG焊机的技术参数，主要功率器件为IGBT管或MOS管，属于当前更为先进的机型。

表4-14~表4-16所列焊机的技术含量是逐个提高的，主要功率器件从用二极管、晶闸管发展到用IHBT管和MOS管；主变压器铁心材料从硅钢片发展到用微晶磁性材料；控制电路由模拟控制向数字控制转变，由模拟器件向单片机和DSP变化。其结果是使焊机的工作

频率从几百赫兹增加到几千赫兹甚至几万赫兹，从而保证了焊接设备的静特性和动特性的精确化、焊接工艺的柔性化、焊接质量的优质化和焊接效率的最大化。

**表 4-15　逆变式整流焊机的技术参数**

| 型　号 | NBC ~250 | NBC ~350 | NBC ~400 | NBC ~500 | NBC ~630 | NBC ~200 |
|---|---|---|---|---|---|---|
| 相数 | 3 | 3 | 3 | 3 | 3 | 3 |
| 频率/Hz | 50/60 | 50/60 | 50/60 | 50/60 | 50/60 | 50/60 |
| 整流/逆变方式 | IGBT 逆变 | IGBT 逆变 | IGBT 逆变 | IGBT 逆变 | IGBT 逆变 | IGBT 逆变 |
| 额定输入电流/A | 15 | — | 23 ~31 | 35 ~40 | 53 | — |
| 额定输入功率/kHz | 8 | 15 | 17 | 23 | 35 | 7.6 |
| 额定电流/A | 250 | 350 | 400 | 500 | 630 | 200 |
| 电流调节范围/A | 50 ~250 | 50 ~350 | 40 ~400 | 50 ~500 | 80 ~630 | 40 ~350 |
| 空载电压/A | 65 ~75 | 65 ~75 | 65 ~75 | 65 ~75 | — | — |
| 电压调节范围/V | 15 ~31 | 15 ~45 | 15 ~45 | 15 ~45 | 18 ~44 | 15 ~24 |
| 负载持续率（%） | 60 | 60 | 60 | 60 | 60 | 60 |
| 效率（%） | ≥83 | ≥85 | ≥85 | ≥85 | 89 | — |
| 功率/(kV·A) | — | — | — | — | — | — |
| 外特性 | 平 | 平 | 平 | 平 | 平 | 平 |
| 调节方式 | IGBT | IGBT | IGBT | IGBT | IGBT | IGBT |
| 工作周期/min | 10 | 10 | 10 | 10 | 10 | — |
| 功率因数 | 0.7 ~0.9 | 0.7 ~0.9 | 0.7 ~0.9 | — | 0.87 | — |
| 绝缘等级 | F | — | — | — | — | — |
| 外壳保护等级 | IP215 | IP21 | IP21 | IP21 | IP21 | — |
| 送丝方式 | 推丝 | 推丝 | 推丝 | 推丝 | 推丝 | — |
| 送丝速度/(m/min) | 2 ~18 | 2 ~18 | 2 ~18 | 2 ~18 | 2 ~18 | — |
| 质量/kg | 40（24） | 35 | 45 | 65（45） | 66 | — |

**表 4-16　逆变式极脉冲 MIG/MAG 焊机的技术参数**

| 型　号 | NBM- | NBM- | TPS | TPS | TPS |
|---|---|---|---|---|---|
| 额定输入电压/V | 380 | 380 | 380 | 380 | 380 |
| 相数 | 3 | 3 | 3 | 3 | 3 |
| 频率/Hz | 50/60 | 50/60 | 50/60 | 50/60 | 50/60 |
| 整流/逆变方式 | IGBT 逆变 | IGBT 逆变 | IGBT 逆变 | IGBT 逆变 | IGBT 逆变 |
| 额定输入功率/kHz | — | 24 | 4.5 | 12.7 | 15.1 |
| 额定电流/A | — | 500 | 270 | 400 | 500 |
| 电流调节范围/A | 30 ~350 | 50 ~500 | 3 ~270 | 3 ~400 | 3 ~500 |
| 空载电压/A | — | 70 | 50 | 70 | 70 |
| 电压调节范围/V | 12 ~36 | 20 ~44 | 14.2 ~27.5 | 14.2 ~34 | 14.2 ~39 |

（续）

| 型　　号 | NBM- | NBM- | TPS | TPS | TPS |
|---|---|---|---|---|---|
| 负载持续率（%） | 60 | 60 | 40 | 50 | 40 |
| 效率（%） | — | ≥82 | 87 | 88 | 89 |
| 功率/(kV·A) | 20 | — | — | — | — |
| 外特性 | 平 | 平 | 平 | 平 | 平 |
| 调节方式 | 数字脉冲 | 逆变 | 数字脉冲 | 数字脉冲 | 数字脉冲 |
| 工作周期/min | 10 | — | — | — | — |
| 功率因数 | — | ≥0.85 | 0.99 | 0.99 | 0.99 |
| 绝缘等级 | F | F | — | — | — |
| 外壳保护等级 | — | IP23 | IP23 | IP23 | IP23 |
| 送丝方式 | 推丝 | 推丝 | 推丝 | 推丝 | 推丝 |
| 送丝速度/(m/min) | 10-18 | — | — | — | — |
| 质量/kg | — | 60 | 27 | 35.2 | 35.6 |

（2）焊机的选用　熔化极气体保护焊因其优质高效，成本低和使用方便而获得飞速发展，相应的焊机也随之迅猛发展，因而形成了种类繁多、功能各异、价格差别大的局面。因此在选用时应本着满足焊接工艺要求、焊接质量好、性能稳定、兼顾耐用、调控精确、操作灵便、价格便宜等原则。具体遵循下列几点。

1）根据焊接产品及其技术要求选择。被焊产品所用的材料、焊件的结构形状和尺寸、焊件厚度、焊后对尺寸精度和焊缝内外质量的要求等都是选择考虑的因素和依据。例如，根据焊件材料选择焊接方法，若为钢铁材料可选用 $CO_2$ 焊或 MAG 焊，若是铝及不锈钢可选用 MIG 焊，然后去选用相应的焊机；按焊件厚度既可选定焊接方法，同时还可定出焊机的规格。如薄板焊接，可选用短路过渡焊接的焊机或脉冲 MIG/MAG 焊机。而厚板焊接则选用能进行大电流焊接的潜弧焊或大电流的 MIG 焊的焊机等；对于关键焊件可根据其重要程度，选用不同档次的焊机，如国防产品或核电工程产品等，为确保焊接质量，务必选择高档焊机，以保证焊接过程稳定可靠，而且焊缝质量高。

2）根据产品生产的类型和批量大小来选择。多品种、小批量生产用的焊件宜选用多功能的焊机，而单一大批量生产的焊件则选用具有单一功能的专用焊机。

3）根据性价比选择。性价比是评价设备技术与经济两方面的综合指标，即应该选择性能好而价格又便宜的焊机。这是因为现在市场上熔化极气体保护焊机品种繁多，规格与功能各异，有许多选择余地。同样功能下应选用价格便宜的焊机，或相同价格下应选用功能较好的焊机

## 二、熔化极氩弧焊设备操作规程

### 1. 准备

1）操作人员必须经过培训取得合格证后，持证上岗。

2）操作人员应仔细阅读焊机使用说明书，了解机械构造、工作原理，熟知操作和保养规程，并严格按规定的程序操作。非本机操作人员严禁操作。

3）作业前应做好准备工作，按规定进行日常检查。检查应在断电状态下进行。

**2. 焊接**

1）自动焊接前，检查电网电压是否正常，各电缆连接是否牢固、无破损。各控制台、操作台上旋、按钮动作是否有效、灵活，应接地部分须可靠地接地。

2）焊接前，工件应干燥无水迹及潮气，焊丝须在盘丝除锈机上盘成焊丝盘要求的尺寸和质量（一般12kg/盘），同时要将有锈迹的地方除锈。要求适时地在移动轨道面上清除污垢后上润滑油。各传动件，如齿轮箱、轴承座等也应加注润滑油或油脂，保证各部分运转良好，无卡滞及大的噪声。

3）焊接过程中，要经常注意焊丝盘内焊丝的数量，以避免整条焊缝未焊完而中断焊接。

4）焊接电源和机头部分，不能受雨水和腐蚀性气体的侵袭腐蚀，以免电器、元器件受潮或腐烂，引起变质或损坏，从而影响机器运行和缩短寿命。

5）设备出现故障时，要派专人负责维修，严格按照每台设备说明书中要求的步骤来排除故障，切不可私自改线。不要私拆或更换。

6）施工过程中应注意各种仪表数值的变化，如有变化应停机检修。

7）每天对焊机外观及能力进行一次检测。

8）焊机和电缆接头处的螺钉必须拧紧。否则将引起接触不良，不但造成电能损耗，还会导致电缆或螺杆过热，甚至将使接线板烧毁。

9）焊机内部电流刻度处应经常打扫，清除灰尘杂物，以保证转动灵活。

10）焊机应放在清洁、干燥、通风的地方，防止受潮。

11）焊接结束后，必须切断电源，仔细检查工作场所周围的防护措施，确认无起火危险后方可离去。

**3. 停止**

1）断开焊接电源开关，清理工作现场，检查并扑灭现场火星，把工具放在规定的地方。

2）按维护规程做好焊机的保养工作。

3）填写好“交接班记录”。

**4. 安全操作技术**

熔化极惰性气体保护焊和混合气体保护焊除遵守焊条电弧焊、气体保护焊的有关规定外，还应注意以下几点：

1）焊机内的接触器、断电器的工作元件，焊枪夹头的夹紧力以及喷嘴的绝缘性能等，应定期检查。

2）电弧温度为6000～10000℃，电弧光辐射比焊条电弧焊强，因此应加强防护。由于臭氧和紫外线作用强烈，宜穿戴非棉布工作服。

3）工作现场要有良好的通风装置，以排出有害气体及烟尘。

4）焊机使用前应检查供气、供水系统，不得在漏水、漏气的情况下运行。

5）高压气瓶应小心轻放，竖立固定，防止倾倒。气瓶与热源距离应大于3m。

6）大电流熔化极气体保护焊接时，应防止焊枪水冷系统漏水破坏绝缘并在焊把前加防护挡板，以免发生触电事故。

7）移动焊机时，应取出机内易损电子器件，单独搬运。

## 三、常用熔化极氩弧焊机操作与维修

**1. 操作要点**

1）保证正确的持枪姿势，随时调整焊枪角度及喷嘴高度；既要有良好的保护效果，又能便于观察熔池。

2）注意气体对熔池的保护，在焊接过程中，气体要均匀，能在焊接区内搅动，防止空气倾入。

3）在焊接铝、镁及其合金时，要采用化学清理与机械清理相结合的方法，并及时焊接，以防止再次氧化。

4）若采用 $Ar+CO_2$ 作为混合保护气体，采用气体配比器调节两者比例，在 $CO_2$ 气路需加装预热器和干燥器，保证气路的畅通和气体的纯度。

**2. 操作技术**

MIG 焊的操作技术包括送气和停气，引弧、送丝、收弧等过程。

（1）引弧　MIG 焊通常采用接触引弧法，在引弧之前需提前送气。

（2）收弧

1）增加焊接速度法，即在焊接即将终止时，焊枪逐渐增加移动速度，并适当调整焊枪角度。

2）电流衰减法，焊接终止时，停止填丝使焊接电流逐渐减少，从而使熔池体积不断缩小，最后断电，焊枪或停止行走。

**3. 典型材料焊接参数的选择**

MIG 焊的焊接参数有焊接电流、电弧电压、焊接速度、焊丝直径、焊丝伸出长度、焊丝倾角、焊接位置和极性等。此外，还有保护气体及其流量大小等，都影响着焊接工艺性能、熔滴过渡的形式、焊缝的几何形状和焊接质量。

（1）铝及铝合金 MIG 焊焊接工艺要点

1）铝氧化后形成 $Al_2O_3$ 氧化膜，熔点较高，不熔于液体金属，防止焊缝正常熔合，需采用直流反极性进行“阴极清理”。另外在施焊前要加强清理，严格限制氧进入熔池。为了保证保护效果，保护气体的流量可以选较大的值。

2）铝及铝合金焊接可以采用短路过渡、滴状过渡以及射流过渡等形式。但实际生产中采用较大的电流和较低的电压，获得亚射流过渡的形式，配以恒流的外特性，可以避免指状熔深的形成，减少褶皱变形，同时也可以保证熔深的均匀性。

3）可以采用脉冲电源，可实现焊丝熔化速度以及熔滴过渡的控制、改善电弧的稳定性、可用较小的平均电流实现喷射过渡，可以进行全位置焊接，也可实现用粗焊丝焊接薄铝板。

4）需采用较小的焊接热输入来减小焊接接头区的宽度和软化，为此可以采用较大的电流和较高焊接速度相配合的焊接参数。

（2）不锈钢的MIG焊焊接工艺要点

1）用纯Ar作为保护气体进行不锈钢焊接，存在液体黏度和表面张力大的问题，容易形成气孔，且阴极斑点漂移而电弧不稳。所以在Ar气加入氧化性的气体，可大大改善焊接质量。

2）焊接时，可以采用短路过渡射流过渡或脉冲过渡等形式。用直流反接可以获得较大的熔深，直流正接只限于板比较薄的场合。

**4. 焊机常见故障及消除方法**

MIG焊设备的常见故障有水、气路堵塞或泄漏；焊枪开关接触不良，使焊机不能起动；焊丝与导电嘴接触不良，电弧不稳；送丝速度不均匀，送丝滚轮位置不当以及滚轮槽面磨损导致焊丝打滑等。这类故障应由焊工自己排除。若焊接设备内部的控制线路或电子元器件损坏，或出现其他机械故障，焊工不应自行拆修，应由维修电工或钳工处理。

常用熔化极氩弧焊设备为NB系列，在使用中常见的焊机故障及处理方法见表4-17。

**表4-17　熔化极氩焊焊机的故障及处理方法**

| 故障特征 | 可能产生的原因 | 消除措施 |
| --- | --- | --- |
| 不送丝 | ① 压紧轮没有压上压痕<br>② 控制熔断器损坏<br>③ 到焊枪开关的控制线路断线<br>④ 晶闸管损坏<br>⑤ 焊枪开关损坏<br>⑥ 送丝电动机故障<br>⑦ 送丝控制电路板故障 | ① 旋转压紧螺栓<br>② 更换控制熔丝<br>③ 接通到开关的控制线<br>④ 更换晶闸管<br>⑤ 检查和更换焊枪开关<br>⑥ 检修或更换送丝电动机<br>⑦ 检修或更换控制板 |
| 送丝不稳定 | ① 压紧轮压紧力不够<br>② 焊丝盘制动过强<br>③ 送丝轮槽不匹配<br>④ 焊丝导向心堵塞<br>⑤ 焊丝在焊丝盘上缠绕不良或焊丝腐蚀 | ① 增大压紧轮压力<br>② 减小焊丝盘制动力<br>③ 清理或更换送丝轮<br>④ 将导向心抽出，并将其与送丝软管用压缩空气吹干净<br>⑤ 更换焊丝盘 |
| 焊缝产生气孔 | ① 工件表面不干净<br>② 送气过多或过少<br>③ 气路上有泄漏<br>④ 焊接现场有侧向风<br>⑤ 气嘴或送丝软管有堵塞<br>⑥ 保护气体不纯或不适合 | ① 打磨触头<br>② 用减压阀调节送气量<br>③ 检查各接头处的密封性<br>④ 遮挡焊接现场或加大送气量<br>⑤ 清洁喷嘴或软管<br>⑥ 更换保护气体 |

## 【课后练习】

1. 解释下列名词

(1) TIG 焊　　(2) MIG 焊　　(3) 自保护药芯焊丝

2. TIG 焊的原理是什么？有哪些特点？

3. TIG 焊设备主要有那些重要的组成部分？各有何作用？

4. 熔化极惰性气体保护焊有哪些特点？

5. 熔化极惰性气体保护焊设备由哪几部分组成？

# 第五章 $CO_2$气体保护焊设备

二氧化碳气体保护焊（以下简称 $CO_2$ 焊）是 20 世纪 50 年代初期发展起来的一种熔焊方法，因其比其他电弧焊方法有更大的适应性、更高的效率、更好的经济性以及更容易获得优质的焊接接头，目前已经发展成为一种重要的焊接方法。我国从 1964 年开始批量生产 $CO_2$ 焊设备，自推广应用以来，在汽车、机车制造、船舶制造、化工机械、工程机械、农业机械、矿山机械制造等领域应用十分普遍。$CO_2$ 焊设备可分为自动焊和半自动焊两类。自动焊适于长焊缝焊接，具有生产率高、质量好的优点。但普通自动焊设备只适于焊接直线、圆形、环形以及螺旋形焊缝，而且大部分为水平位置焊接。半自动焊设备较为简单，但适应性则较自动焊大得多，它可以进行全位置焊接，适合于焊接短焊缝和不规则焊缝，而且焊接准备工作要比自动焊简单。

$CO_2$ 焊设备不但要满足 $CO_2$ 焊工艺的要求，而且应该稳定可靠，使用、维修方便。本章主要介绍 $CO_2$ 焊的特点及设备组成、$CO_2$ 焊设备的操作规程、常用 $CO_2$ 焊机的维护保养及故障排除等知识。

## 第一节　$CO_2$ 焊的特点及设备组成

### 一、$CO_2$ 焊的实质

$CO_2$ 焊是利用 $CO_2$ 作为保护气体的熔化极电弧焊方法。这种方法以 $CO_2$ 气体作为保护介质，使电弧及熔池与周围空气隔离，防止空气中氧、氮、氢对熔滴和熔池金属的有害作用，从而获得优良的机械保护性能。生产中一般是利用专用的焊枪，形成足够的 $CO_2$ 气体保护层，依靠焊丝与焊件之间的电弧热，进行自动或半自动熔化极气体保护焊。

$CO_2$ 焊的原理如图 5-1 所示。在 20 世纪 30 年代就有人提出用 $CO_2$ 及水蒸气作为保护气体，但试验结果发现焊缝金属严重氧化，气孔很多，焊接质量得不到保证。因此，氩气、氦气等既不和金属发生化学反应、也不溶于金属，保护效果良好的惰性气体保护焊首先应用于焊接生产，解决了当时航空工业中非铁金属的焊接问题，气体保护焊的优越性也逐步被人们认识和重视。但是氩气、氦气为稀有气体，价格较贵，应用上受到一定的限制。为此，到

20 世纪 50 年代，人们又重新研究 $CO_2$ 气体保护焊，并逐步将其应用于焊接生产。

$CO_2$ 是一种氧化性气体，特别是在高温作用下具有强烈的氧化性，但 $CO_2$ 气体价格低廉，供应充足。虽然它有强烈的氧化作用，但氧化后的熔化金属比较容易脱氧；且较强的氧化性能够抑制焊缝中氢的存在，防止产生氢气孔和裂纹；$CO_2$ 良好的保护作用还能有效地防止空气中 $N_2$ 对熔滴及熔池金属的有害作用，这一点是很重要的，因为金属一旦被氮化，很难使之脱氮。

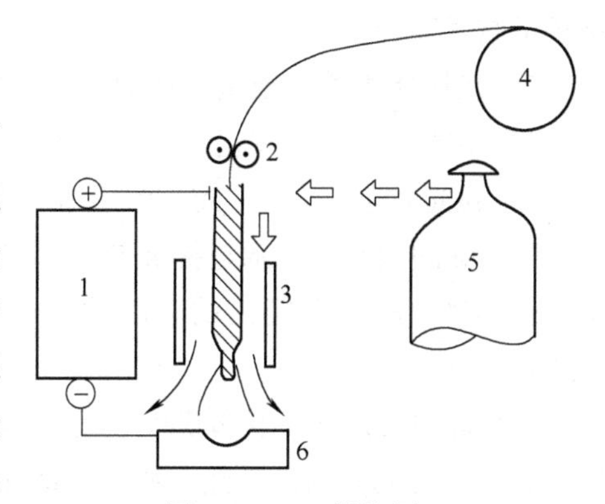


图 5-1　$CO_2$ 焊的原理

1—直流电源　2—送丝机构　3—焊枪
4—焊丝盘　5—$CO_2$ 气瓶

$CO_2$ 焊按使用焊丝直径的不同，可分为细丝 $CO_2$ 焊（焊丝直径≤1.6mm）和粗丝 $CO_2$ 焊（焊丝直径 >1.6mm）。按操作方式不同，又可分为半自动 $CO_2$焊和自动 $CO_2$ 焊。

## 二、$CO_2$ 焊的特点

$CO_2$ 焊具有以下优点。

1）焊接生产率高。$CO_2$ 焊的电流密度大，可达 100～300A/mm²，因此电弧热量集中，焊丝的熔化效率高，母材的熔透厚度大，焊接速度快，同时焊后不需要清渣，所以能够显著提高效率，其生产效率可比普通的焊条电弧焊高 2～4 倍。

2）焊接成本低。由于 $CO_2$ 气体和焊丝的价格低廉，对于焊前的生产准备要求不高，焊后清理和校正工时少，而且电能消耗也少，故使焊接成本降低。通常 $CO_2$ 焊的成本只有埋弧焊或焊条电弧焊的 40%～50%。

3）焊接变形小。由于电弧加热集中，焊件受热面积小，同时 $CO_2$ 气流有较强的冷却作用，所以焊接变形小，特别是焊接薄板时，变形很小。

4）焊接质量较高。对油污、铁锈敏感性小，焊缝含氢量少，提高了焊接低合金高强钢抗冷裂纹的能力。

5）适用范围广。熔滴采用短路过渡时可用于立焊、仰焊和全位置焊接，并且对于薄板、中厚板甚至厚板都能焊接。

6）操作简便。焊后不需清渣，且是明弧，便于监控，有利于实现机械化和自动化焊接。

7）电弧可见性好。有利于观察，焊丝能准确地对准焊接线，尤其是在半自动焊时可以较容易地实现短焊缝和曲线焊缝的焊接。

同时，$CO_2$ 焊也具有以下缺点。

1）飞溅率较大，并且焊缝表面成形较差。金属飞溅是 $CO_2$ 焊中较为突出的问题，这是主要缺点。

2）很难用交流电源进行焊接，焊接设备比较复杂，易出现故障，要求具有较高的设备维护的技术能力。

3）抗风能力差，给室外作业带来一定困难。

4）不能焊接容易氧化的非铁金属。

5）弧光较强，必须注意劳动保护。

$CO_2$ 焊的缺点可以通过提高技术水平和改进焊接材料、焊接设备加以解决，而其优点却是其他焊接方法所不能比的。因此，可以认为 $CO_2$ 焊是一种高效率、低成本的节能焊接方法。

$CO_2$ 焊主要用于焊接低碳钢及低合金钢等金属材料。对于不锈钢，由于焊缝金属有增碳现象，影响抗晶间腐蚀性能，所以只能用于对焊缝性能要求不高的不锈钢焊件。此外，$CO_2$ 焊还可用于耐磨零件的堆焊、铸钢件的补焊以及电铆焊等方面。

## 三、$CO_2$ 焊的设备组成

$CO_2$ 焊所用的设备有半自动 $CO_2$ 焊设备和自动 $CO_2$ 焊设备两类。在实际生产中，半自动 $CO_2$ 焊设备使用较多，下面重点介绍半自动 $CO_2$ 焊设备。

一台完整的半自动 $CO_2$ 焊设备由焊接电源、送丝机构、焊枪、供气系统、冷却水循环装置及控制系统等几部分组成，如图 5-2 所示。而自动 $CO_2$ 焊设备除上述几部分外还有焊车行走机构。

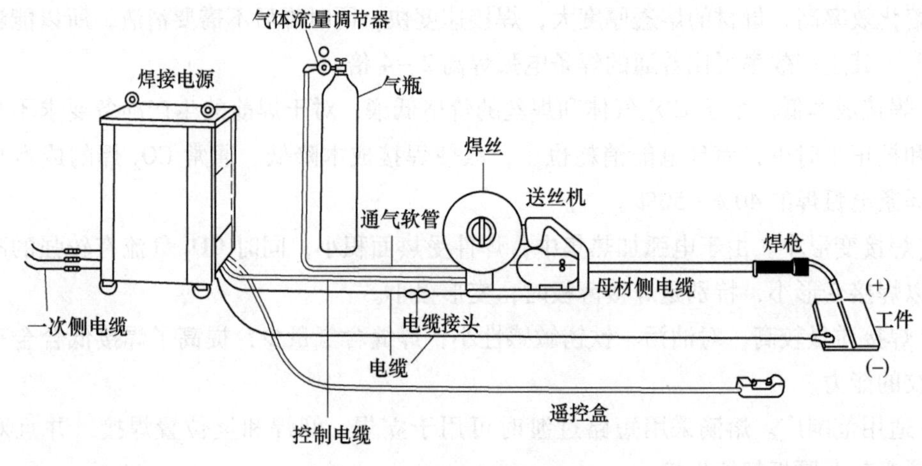


图 5-2　半自动 $CO_2$ 焊设备

### 1. 焊接电源

$CO_2$ 焊一般采用直流电源且反极性连接。电源是供给电弧能量的设备，应能保证焊接电弧稳定燃烧，在焊接过程中焊接参数稳定不变，且焊前能在一定范围内调节。除上述工艺方面的要求外，还希望焊接电源结构简单、成本低廉、使用可靠、维修方便等。为了满足上述对电源要求，必须正确选择电源的外特性和电源的动特性。

（1）电源的外特性　根据不同直径焊丝 $CO_2$ 焊的焊接特点，一般细焊丝采用等速送丝式焊机，配合平外特性电源。粗焊丝采用变速送丝式焊机，配合下降外特性电源。

1）平特性电源。细焊丝 $CO_2$ 焊的熔滴过渡一般为短路过渡过程，送丝速度快，宜采用等速送丝式焊机配合平外特性电源。实际上用于 $CO_2$ 焊的平外特性电源，其外特性都有一些缓降，其缓降度一般不大于4V/100A。采用平外特性电源优点如下：

① 电弧燃烧稳定，在等速送丝条件下，平外特性电源的电弧自身调节灵敏度较高。可以依靠弧长变化来引起电流的变化，依靠电弧自身调节作用，使电弧燃烧稳定。

② 焊接参数调节方便，可以对焊接电压和焊接电流分别进行调节，通过改变电源外特性调节电弧电压，改变送丝速度调节焊接电流。两者之间相互影响不大。

③ 可避免焊丝回烧，因为电弧回烧时，随着电弧拉长，电流很快减小，使得电弧在未回烧到导电嘴前已熄灭。

2）下降特性电源。粗丝 $CO_2$ 焊的熔滴过渡一般为细滴过渡过程。宜采用变速送丝式焊机，配合下降的外特性电源。此时焊接参数的调节，往往因为电源外特性的陡降程度不同，要进行两次或三次调节。如先调节电源外特性粗略确定焊接电流，但调节电弧电压时，电流又有变化，所以要反复调节最后达到要求的焊接参数。

（2）电源的动特性　电源动特性是衡量焊接电源在电弧负载发生变化时，弧焊电源输出电压与电流的响应过程，可以用弧焊电源的输出电流 $i_h=f(t)$ 和电压 $u_h=f(t)$ 来表示，它反映弧焊电源对负载瞬变的适应能力。只有当弧焊电源的动特性合适时，才能获得预期有规律的熔滴过渡及稳定的焊接过程。

粗焊丝细滴过渡时，焊接电流的变化比较小，所以对焊接电源的动特性要求不高，只要有合适的电源外特性，提供足够的电流和电压即可。细焊丝短路过渡时，因为焊接电流不断地发生较大的变化，所以对焊接电源的动特性有较高的要求。具体包括如下三个方面：

1）合适的短路电流增长速度 $\mathrm{d}i/\mathrm{d}t$。

2）适当的短路电流峰值。

3）合适的电弧电压恢复速度 $\mathrm{d}u/\mathrm{d}t$。

对这三个方面，不同的焊丝、不同的焊接参数，有不同的要求。因此要求电源设备能兼顾这三方面的适应能力。

**2. 送丝系统**

根据使用焊丝直径的不同，送丝系统可分为等速送丝式和变速送丝式，通常焊丝直径≥3mm 时采用变速送丝方式，焊丝直径≤2.4mm 时采用等速送丝式。下面介绍 $CO_2$ 焊时普遍使用的等速送丝系统，其焊接电流是通过送丝速度来调节的，因此送丝机构质量的好坏，直接关系到焊接过程的稳定性。对等速送丝系统的基本要求是：能稳定、均匀地送进焊丝，调速要方便，结构应牢固、轻巧。

（1）送丝方式　半自动气体保护焊机有推丝式、拉丝式、推拉丝式三种基本送丝方式，如图 5-3 所示。

1）推丝式。主要用于直径为0.8～2.0mm 的焊丝，是应用最广的一种送丝方式，如图 5-3a 所示。由直流电动机经蜗轮、蜗杆减速，带动送丝滚轮，焊丝由送丝轮推动，经过送丝软管，直至焊枪的导电杆及导电嘴，最后进入焊接电弧区。通常将送丝电动机和减速装置、送丝滚轮、焊丝盘等都装在一起组成一套单独的送丝机构。这种送丝方式的特点是焊枪

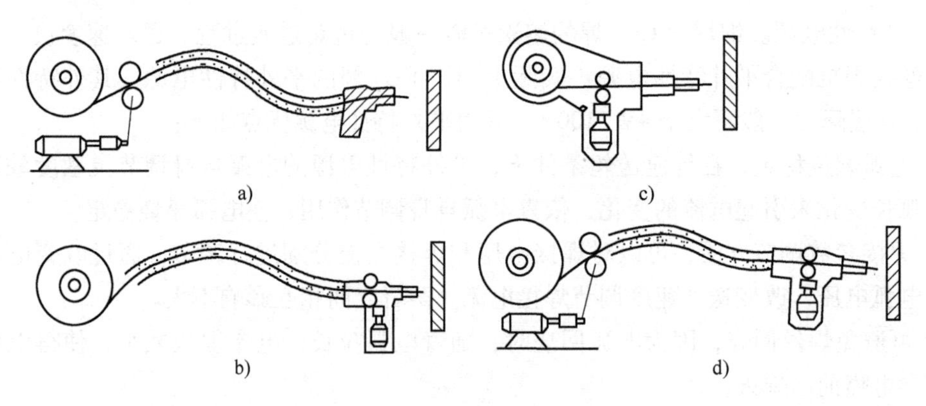


图 5-3 半自动焊机送丝方式

a）推丝式 b)、c）拉丝式 d）推拉丝式

结构简单轻便；操作与维修方便。但焊丝进入焊枪前要经过一段较长的送丝软管，阻力较大。而且随着软管长度加长，送丝稳定性也将变差。所以送丝软管不能太长，一般为 2～5m。

2）拉丝式。拉丝式没有送丝软管阻力，细焊丝也能均匀稳定地送进，主要用于直径≤0.8mm 的细焊丝，因为细焊丝刚度小，难以推丝。它又分为两种形式，一种是焊丝盘和焊枪分开，两者用送丝软管联系起来，如图 5-3b 所示；另一种是将焊丝盘直接装在焊枪上，如图 5-3c 所示。后者由于去掉了送丝软管，增加了送丝稳定性，但焊枪重量增加。

3）推拉丝式。此方式把上述两种方式结合起来，克服了使用推丝式焊枪操作范围小的缺点，送丝软管可加长到 15m 左右，扩大了半自动焊的操作范围，如图 5-3d 所示。一般来说，在推拉丝式送丝机构中，推丝电动机是主要的送丝动力，它保证焊丝等速送进，而拉丝机只是将焊丝拉直，以减小推丝阻力。推力和拉力必须很好地配合，通常拉丝速度应稍快于推丝速度。这种方式虽有一些优点，但由于结构复杂，调整麻烦，同时焊枪较重，在国内应用不多。

（2）送丝机构 送丝机构由送丝电动机、减速装置、送丝滚轮和压紧机构等组成。送丝电动机一般采用直流伺服电动机。其优点是动作灵敏，结构轻巧，速度调节方便。选用伺服电动机时，因其转速较低，所以减速装置只需一级蜗轮蜗杆和一级齿轮传动。其传动比应根据电动机的转速、送丝滚轮直径和所要求的送丝速度来确定。送丝速度一般应在 2～16m/min范围内均匀调节。为保证均匀、可靠地送丝，送丝轮表面应加工出 V 形槽，滚轮的传动形式有单主动轮传动和双主动轮传动。

送丝机构工作前要仔细调节压紧轮的压力，若压紧力过小，滚轮与焊丝间的摩擦力小，如果送丝阻力稍有增大，滚轮与焊丝间便打滑，致使送丝不均匀；如压紧力过大，又会在焊丝表面产生很深的压痕或使焊丝变形，使送丝阻力增大，甚至造成导电嘴内壁的磨损。

（3）调速器 用调速器调节送丝速度，一般只要改变直流伺服电动机的电枢电压，即可实现送丝速度的无级调节。

（4）送丝软管 送丝软管是导送焊丝的通道，要求软管内壁光滑、规整及内径大小要均匀合适；焊丝通过的摩擦阻力小；应具有良好的刚度和弹性，能够保证焊丝流畅均匀地送进。

**3. 焊枪**

（1）对焊枪的要求　焊枪的主要作用是导电、送丝和输送保护气体。对焊枪有下列要求：

1）送丝均匀、导电可靠和气体保护良好。

2）结构简单、经久耐用和维修简便。

3）使用性能良好。

（2）焊枪的类型　焊枪能否完成上述功能，取决于其结构设计是否合理。焊枪按用途可分为半自动焊枪和自动焊枪两类。

1）半自动焊枪。一般按焊丝给送的方式不同，半自动焊枪可分为推丝式和拉丝式两种。推丝式焊枪常用的形式有两种：一种是鹅颈式焊枪，如图 5-4 所示；另一种是手枪式焊枪，如图 5-5 所示。这两类焊枪的主要特点是结构简单、操作灵活，但焊丝经过软管产生的阻力较大，故所用的焊丝不宜过细，多用于直径 1mm 以上焊丝的焊接。焊枪的冷却方法一般采用自冷式，水冷式焊枪不常用。

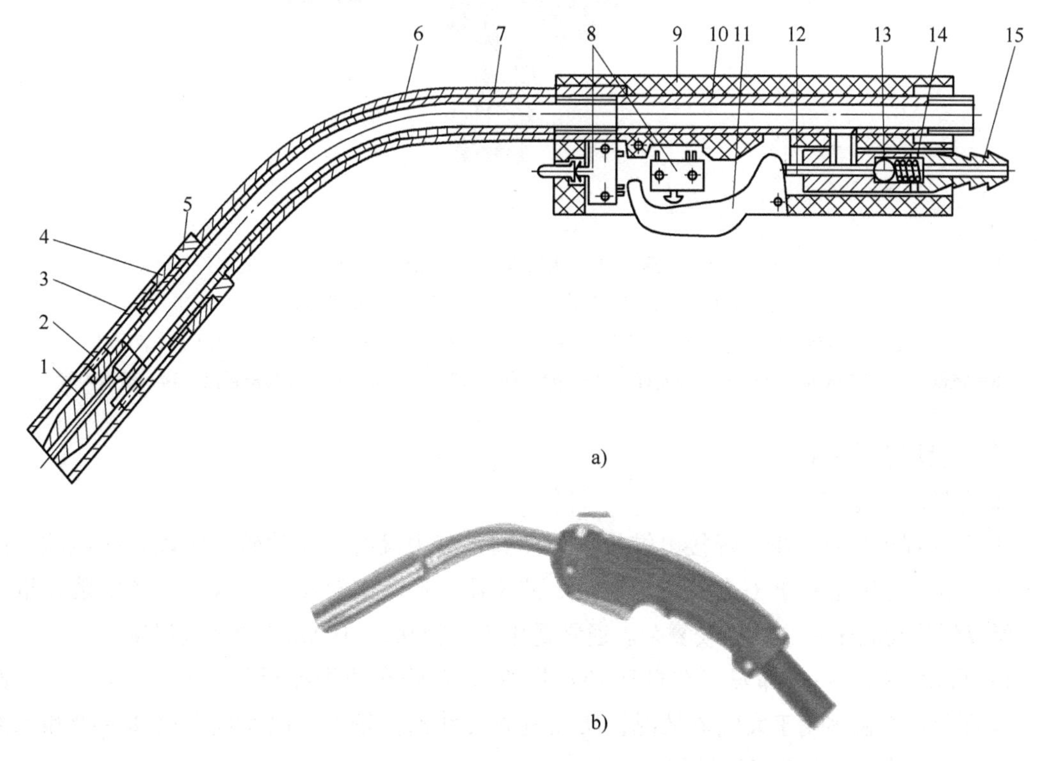


图 5-4　鹅颈式焊枪

a）鹅颈式焊枪的构造　b）鹅颈式焊枪实物

1—导电嘴　2—分流环　3—喷嘴　4—弹簧管　5—绝缘套　6—鹅颈管　7—乳胶管　8—微动开关　9—焊把　10—枪体　11—扳机　12—气门推杆　13—气门球　14—弹簧　15—气阀嘴

拉丝式焊枪的结构如图 5-6 所示。其主要特点如下：

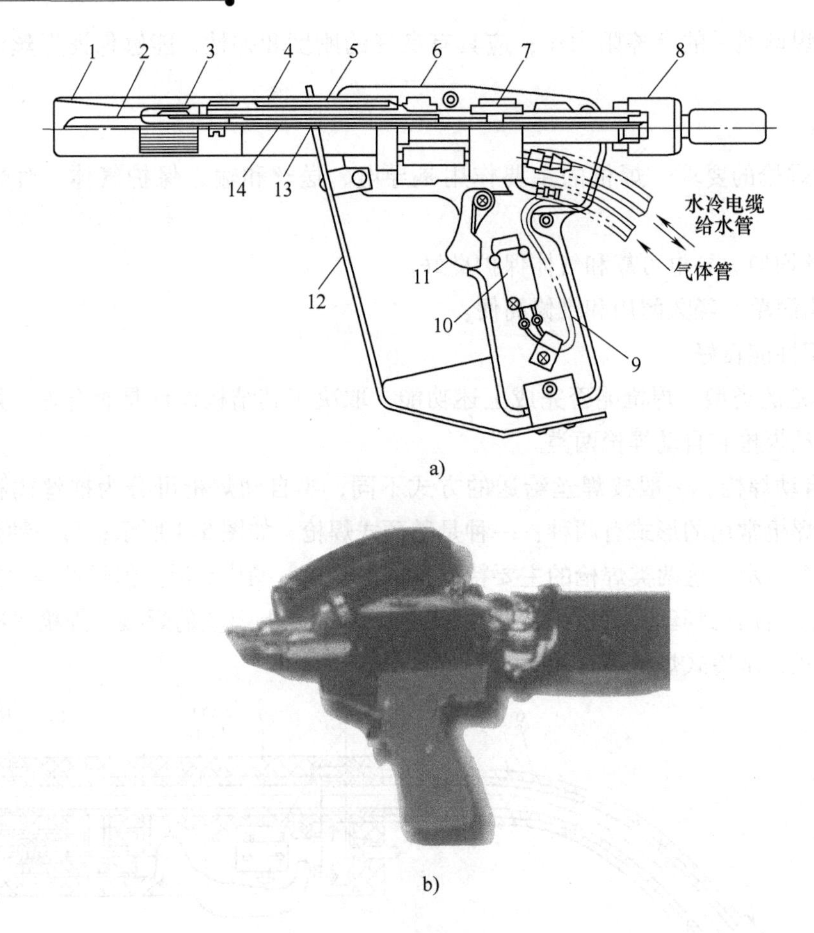


a)

b)

图 5-5　水冷手枪式焊枪

a）水冷手枪式焊枪的构造　b）水冷手枪式焊枪的实物

1—焊枪　2—焊嘴　3—喷管　4—水筒装配件　5—冷却水通路　6—焊枪架　7—焊枪主体装配件　8—螺母　9—控制电缆　10—开关控制杆　11—微型开关　12—防弧盖　13—金属丝通路　14—喷嘴内管

① 一般均做成手枪式。

② 送丝均匀稳定。

③ 引入焊枪的管线少，焊接电缆较细，尤其是其中没有送丝软管，所以管线柔软，操作灵活。但因为送丝部分（包括微电动机、减速器、送丝滚轮和焊丝盘等）都安装在枪体上，所以焊枪比较笨重，结构较复杂。通常适用于直径 0.5 ~ 0.8mm 的细丝焊接。

2）自动焊枪。一般都安装在自动 $CO_2$ 焊机上（焊车或焊接操作机），不需要手工操作，自动 $CO_2$ 焊机多用于大电流情况，所以枪体尺寸都比较大，以便提高气体保护和水冷效果；枪头部分与半自动焊枪类似。

（3）焊枪的喷嘴和导电嘴　喷嘴是焊枪上的重要零件，其作用是向焊接区域输送保护气体，以防止焊丝端头、电弧和熔池与空气接触。喷嘴的形状和尺寸对于保护气流的状态，焊枪的操作性能都有直接的影响。喷嘴形状多为圆柱形，也有圆锥形。喷嘴尺寸也应选择合适，减小喷嘴孔径，气体流量可以减小，但太小时，气体保护范围变小，容易产生气孔。若

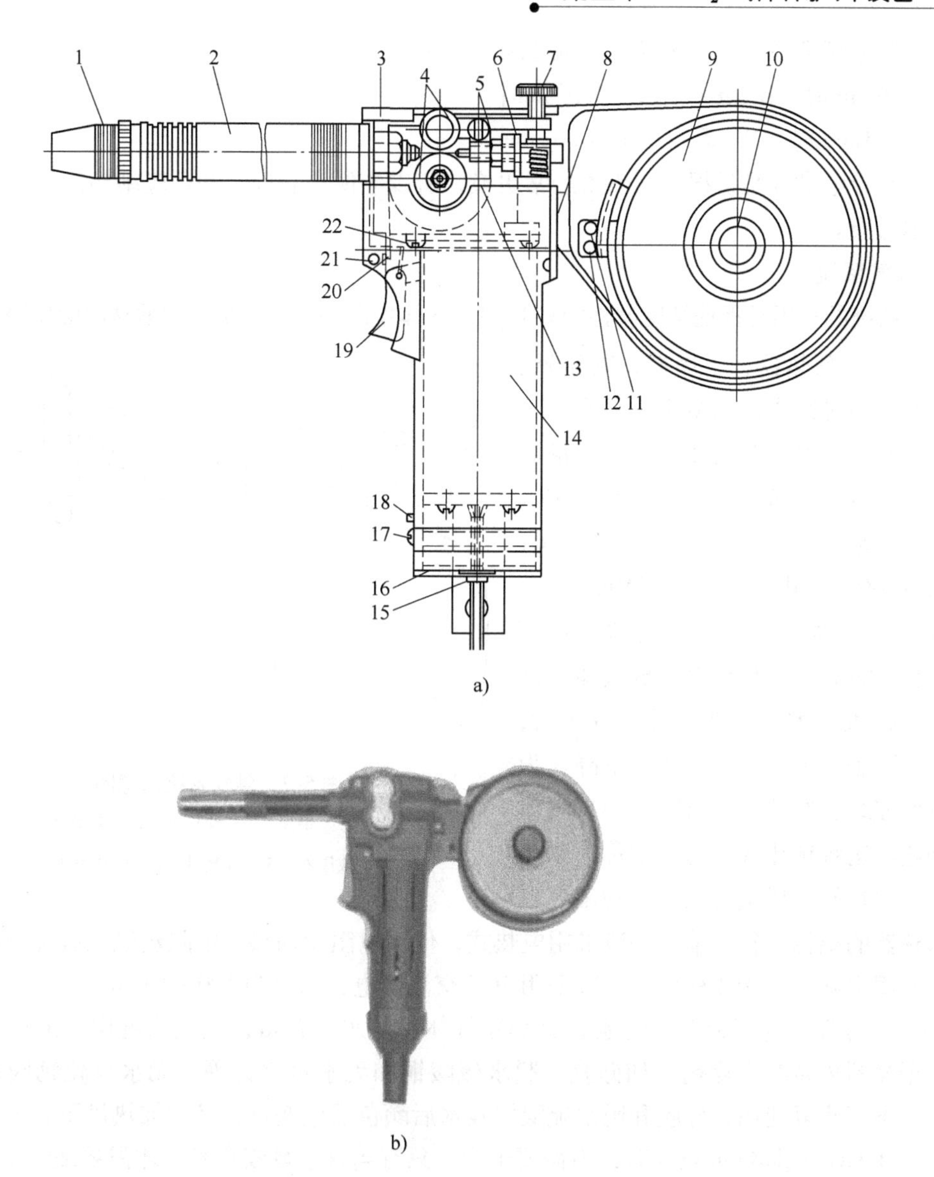

a)

b)

图5-6　拉丝式焊枪

a）拉丝式焊枪的构造　b）拉丝式焊枪的实物

1—喷嘴　2—外套　3—绝缘外壳　4—送丝滚轮　5—螺母　6—导丝杆　7—调节螺杆　8—绝缘外壳　9—焊丝盘　10—压栓　11、15 、17 、21、22—螺钉　12—压片　13—减速箱　14—电动机　16—底板　17—电动机　18—退丝按钮　19—扳机开关　20—触点

喷嘴孔径较大，就要加大气体流量，这样又很不经济。喷嘴孔径与焊接电流大小有关，常为12～24mm。焊接电流较小时，喷嘴直径也小；焊接电流较大时，喷嘴直径也大。

导电嘴的材料要求导电性良好、耐磨性好和熔点高，一般选用纯铜或陶瓷材料制作，为增加耐磨性也可选用铬锆铜。对导电嘴的孔径也有严格要求。当孔径太小时，送丝阻力增大，焊丝不能顺利通过直接影响焊接电流的稳定性；当导电嘴孔径太大时，焊丝在导电嘴内的接触点不固定，既影响焊丝实际伸出长度，又影响焊接电流大小，使焊接过程不稳定。实践证明，导电嘴直径 $D$ 与焊丝直径 $d$ 应为如下关系：

$d \leqslant 1.6\text{mm}$ 时，$D = d + (0.1 \sim 0.3)\text{mm}$；

$d = 2 \sim 3\text{mm}$ 时，$D = d + (0.4 \sim 0.6)\text{mm}$。

喷嘴和导电嘴都是易损件，需要经常更换，所以应便于装拆，并且应结构简单、制造方便和成本低廉。

**4. 供气系统**

供气系统的作用是保证纯度合格的 $CO_2$ 保护气体能以一定的流量均匀地从喷嘴中喷出。它由 $CO_2$ 钢瓶、预热器、干燥器、减压器、流量计及气阀等组成，如图 5-7 所示。

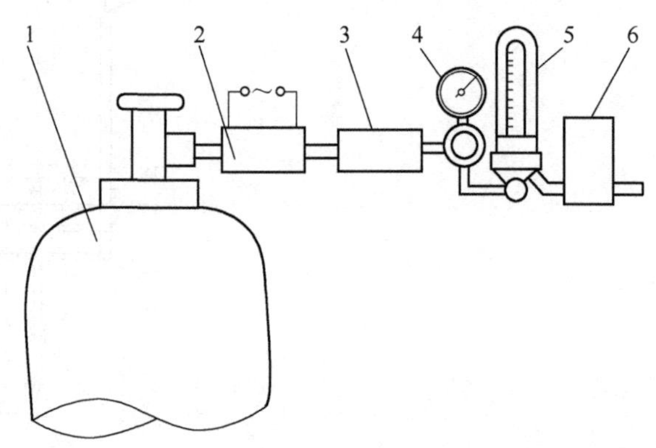


图 5-7　供气系统示意图

1—$CO_2$ 钢瓶　2—预热器　3—干燥器

4—减压阀　5—流量计　6—电磁气阀

(1) $CO_2$ 钢瓶　储存液态 $CO_2$，钢瓶通常漆成灰色并用黄字写上“$CO_2$”。$CO_2$ 气瓶的容量为 40L，可装 25kg 的液态 $CO_2$，占容积的 80%，满瓶压力为5 ~ 7MPa。

(2) 预热器　当打开气瓶阀门时，$CO_2$ 钢瓶中的液态 $CO_2$ 要挥发成气体，汽化过程中将吸收大量的热，再经减压后，气体体积膨胀，也会使气体温度下降。为防止管路冻结，在减压之前要将 $CO_2$ 气体进行预热。这种预热气体的装置称为预热器，显然预热器应尽量装在钢瓶的出气口处。预热器的结构比较简单，一般采用电热式，使用电阻丝加热，电阻丝绕在有螺距的瓷管上，两端固定在外部接线柱上，一般采用 36V 交流供电，功率为 100 ~ 150W。

(3) 干燥器　为了最大限度地减少 $CO_2$ 气体中的水分含量，供气系统中一般设置有干燥器。干燥器内装有干燥剂，如硅胶、脱水硫酸铜和无水氯化钙等。无水氯化钙吸水性较好，但它不能重复使用；硅胶和脱水硫酸铜吸水后颜色发生变化，经过加热烘干后还可以重复使用。在 $CO_2$ 气体纯度较高时，不需要干燥。只有当含水量较高时，才需要加装干燥器。

(4) 减压器和流量计　减压器的作用是将高压 $CO_2$ 气体变为低压气体。流量计用于调节并测量 $CO_2$ 气体的流量。

(5) 气阀　气阀装在气路上，是用来接通或切断保护气体的装置。$CO_2$ 保护气体的通气和断气，可直接采用机械气阀开关来控制。当要求准确控制时，可用电磁气阀由控制系统来完成气体的准确通断。目前，不少生产厂家在手枪形、弯管式焊枪上设置了手动机械球形气阀。这种气阀通、断可靠，结构简单，使用方便。自动 $CO_2$ 电弧焊接，通常采用电磁气阀，由控制系统自动完成保护气体的通断。

## 第二节　$CO_2$ 焊设备的操作规程

为了保证操作安全，操作 $CO_2$ 气体保护焊设备务必遵守以下事项。

## 一、注意避免发生重大人身安全事故

1）工作前应确认焊机、导线、手把等安全可靠；手柄和导线绝缘良好，管道阀门无泄漏。

2）防止有害气体中毒和窒息的发生（焊接烟尘和CO对人体有害），必须遵守劳动安全卫生法及其实施令中关于粉尘侵害的规则，工作间应有良好的通风设备或使用有效的呼吸用保护器具，工作前先开启抽风，工作结束3～5min才准关闭风机。

3）为防止发生触电，焊机的金属外壳必须有牢固的单独接地线；设备的高压部分的防护装置及信号装置应完好，并经常检查其安全可靠性。

4）为防止眼部发炎和皮肤烧伤，请务必遵守劳动安全卫生规则，佩戴相应的防护用具。

5）定期检查焊枪手柄，必须保证绝缘良好。

6）设备通电后，人体不得接触带电部分。

7）搬运和使用 $CO_2$ 气瓶应遵守《气瓶安全管理规定》。

8）调整安装电极或修理焊机，必须切断电源后才能进行。

9）当 $CO_2$ 气瓶需释放高压（15MPa）气体时，操作者应站在瓶嘴侧面或后面，同时应避开场内其他人员。

10）工作结束后，应可靠切断电源、气源；清除场地内可能保留的着火物并清扫工作场地。

11）除非有特殊需要，检修一定要在切断配电箱电源，确保安全的前提下进行。

如不遵守上述原则，有可能导致触电、烧伤等事关人身安全的重大事故。

## 二、防止机器烧损和火灾类事故发生

1）将焊接电源与墙壁保持20cm以上的距离，与可燃性物品保持500cm以上的距离，防止因过热引发的火灾和机器烧损。

2）切忌使火花（飞溅，闪光）溅到可燃性物品上，或从吸气口、敞开口部位进入内部，防止由火花引发的火灾事故及机器烧损。

3）在架台上安装焊机时，为确保安全，防止焊机滑落，应用地脚螺栓固定（以防止气瓶摔倒），防止因摔落引起的磕碰和机器损坏。

4）必须认真阅读使用说明书并根据说明书正确使用设备。

## 三、$CO_2$ 焊机操作规程

1）操作者必须持电焊操作证上岗。

2）打开配电箱开关，电源开关置于“开”的位置，供气开关置于“检查”位置。

3）打开气瓶盖，将流量调节旋钮慢慢向“OPEN”方向旋转，直到流量表上的指示数为需要值。供气开关置于“焊接”位置。

4）焊丝在安装中，要确认送丝轮的安装是否与丝径吻合，调整加压螺母，视丝径大小

加压。

5）将收弧转换开关置于“有收弧”处，先后两次将焊枪开关按下、放开进行焊接。

6）焊枪开关“ON”，焊接电弧产生，焊枪开关“OFF”，切换为正常焊接条件的焊接电弧，焊枪开关再次“ON”，切换为收弧焊接条件的焊接电弧，焊枪开关再次“OFF”，焊接电弧停止。

7）焊接完毕后，应及时关闭焊接电源，将 $CO_2$ 气源总阀关闭。

8）收回焊把线，及时清理现场。

9）定期清理机上的灰尘，用空压机或氧气吹净机芯的积尘物，一般清理时间为一周一次。

## 四、$CO_2$ 焊操作禁忌

（1）不允许用普通 H08A 焊丝　$CO_2$ 气体是一种氧化气体，在电弧高温的作用下分解出原子氧，具有很强的氧化性，能使焊缝中大量的合金元素烧损，同时，还能使飞溅增加，气孔倾向增大。而普通 H08A 焊丝中仅含有少量合金元素，无法弥补焊缝中被烧损的合金元素，焊缝的力学性能下降。因此，$CO_2$ 焊应该选择含有足够的锰和硅等脱氧元素的焊丝，方能减少金属飞溅，保证焊缝具有较高的力学性能和抗裂性能。

（2）焊丝中硅和锰的含量不宜过高　$CO_2$ 焊常采用 Si 和 Mn 联合脱氧，其效果极佳。但是加入焊丝中的 Mn 和 Si 元素，由于在焊接中一部分直接氧化和蒸发掉，一部分消耗于 FeO 的脱氧，还有一部分则留在焊缝中作为补充合金元素，所以要求焊丝要含有足够的 Si 和 Mn，且比例要合适。如果将 Si 和 Mn 含量过高，则会降低焊缝金属的塑性和冲击韧度，降低焊缝的力学性能。

（3）不宜采用大颗粒滴状过渡　当焊丝直径大于 1.6mm、电流小于 400A 时，$CO_2$ 焊的熔滴为大颗粒滴状过渡，其尺寸大小不仅取决于表面张力与重力的平衡。由于 $CO_2$ 气体在高温下分解时，要吸收大量的电弧热量，对电弧有冷却作用，造成电弧收缩，使电弧电场提高，迫使电弧集中在熔滴下部，而熔滴在较大的斑点压力作用下，被迫上挠而形成非轴向过渡，如图 5-8 所示。这种大颗粒非轴向过渡的熔滴，飞溅很大，电弧不稳定，焊缝成形也较差，因此在实际生产中不宜采用。

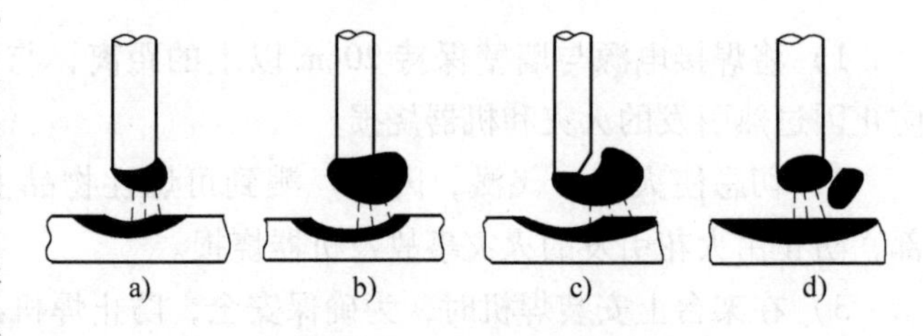

图 5-8　$CO_2$ 焊滴状过渡

（4）不宜采用潜弧射滴过渡　潜弧射滴过渡是介于滴状过渡和短路过渡间的一种过渡形式，由于焊接电流较大、电弧电压较低，电弧能够潜入熔池凹坑中，使母材熔深增加，飞溅显著下降，焊接过程比较稳定，生产中有时被应用于中、大厚板的水平位置焊接。但是需要注意的是，潜弧射滴过渡虽然具有上述优点，但是也存在不可忽视的问题。即潜弧射滴过渡的熔深大，焊缝深而窄，余高大，成形不够理想，热裂倾向也很大。所以 $CO_2$ 焊不适宜

采用潜弧射滴过渡，如图 5-9 所示。

（5）不能焊接非铁金属　$CO_2$ 焊是利用 $CO_2$ 作为保护气体的一种熔化极电弧焊方法。由于 $CO_2$ 气体在高温时具有强烈的氧化性，在焊接低碳钢和低合金钢时，必须采用 Si-Mn 联合脱氧，再适量添加 Cr、Mo、V 等强化元素来消除氧化的后果。但是，对于容易氧化的非铁金属如 Cu、Al、Ti 等，在氧化后目前尚未找到恰当的工业方法还原，因此不能采用 $CO_2$ 焊。

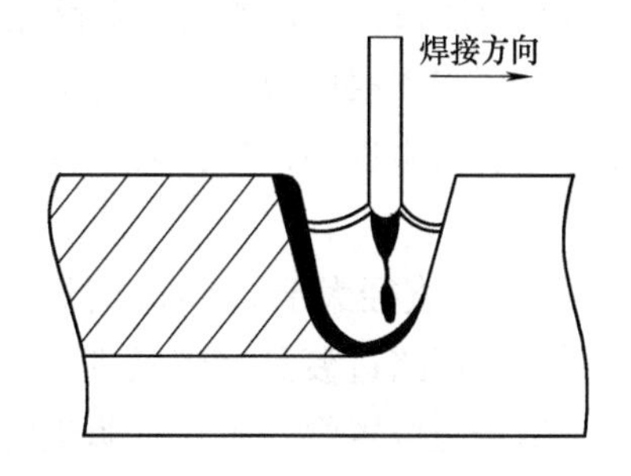


图 5-9　$CO_2$ 焊潜弧射滴过渡

（6）不宜焊接不锈钢　$CO_2$ 焊由于具有成本低、抗氢气孔能力强、适合薄板焊接、易进行全位置焊接等优点，广泛应用于低碳钢、低合金钢的焊接。但是，$CO_2$ 气体分解后生成的 C 对于不锈钢焊缝有增碳作用。而 C 是造成晶间腐蚀的主要元素，C 与 Cr 化合生成碳化铬，造成奥氏体边界贫铬，使不锈钢的抗晶间腐蚀能力降低，所以生产中很少使用 $CO_2$ 焊焊接不锈钢。

（7）不宜采用陡降外特性的焊接电源　$CO_2$ 焊在等速送丝的条件下，必须依靠电弧自身调节作用，才能达到恢复稳定状态的目的。电弧恢复速度的快慢与电流变化值大小有直接关系。如电流变化值越大，电弧自身调节作用就越强，电弧恢复速度就越快。当电弧长度变化相同时，不同的外特性曲线所引起的电流变化值是不同的。即焊接电源外特性与电弧自身调节作用有直接关系。从图 5-10 可以看出，当电弧长度变化一样时，平硬特性曲线所引起的焊接电流变化值，要比缓降或陡降外特性曲线的焊接电流变化值大些，即 $\Delta I_c > \Delta I_b > \Delta I_a$，电弧自身调节作用最好。而陡降外特性电源的电弧自身调节作用最差，所以，不宜采用陡降外特性的焊接电源，而应采用平硬特性的焊接电源。

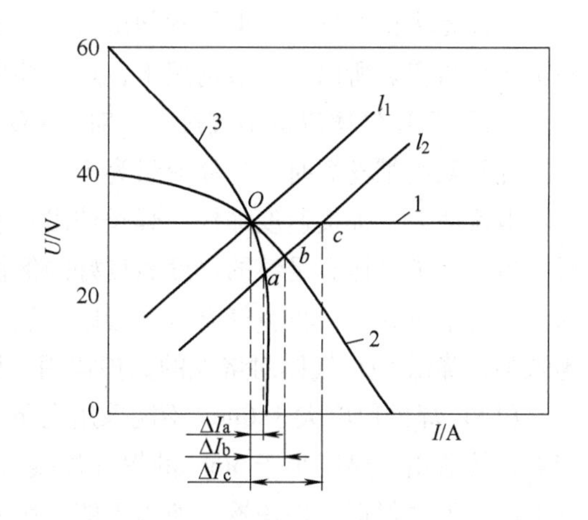


图 5-10　焊接电源外特性与电弧自动调节作用
1—平硬外特性曲线　2—缓降外特性曲线
3—陡降外特性曲线

（8）焊接用 $CO_2$ 气体的纯度不宜低于 99.5%　液态 $CO_2$ 来源广，价格低，但是气体中含水量较高而且不稳定，随着 $CO_2$ 气体中水分的增加，即露点温度提高，则焊缝中的含氢量也增加，使其塑性显著下降，致密性也会受到一定的影响。因此，当焊缝质量要求较高时，必须尽量降低 $CO_2$ 气体中的含水量，减少氮气以保证 $CO_2$ 气体的纯度不低于 99.5%。

（9）不能使用交流电源　由于 $CO_2$ 焊交流电源焊接的电弧不稳定，金属飞溅比较严重，所以，$CO_2$ 焊必须使用直流电源，通常采用弧焊整流器，并要求焊接电源具有平硬外特性，这是由 $CO_2$ 电弧静特性和电弧自身调节作用所决定的。

（10）电弧电压与焊接电流不宜超出匹配范围　电弧电压是焊接参数中的关键参数。在一定的焊丝直径和焊接电流下，电弧电压若过低，则电弧引燃困难，焊接过程也不稳定。如果电弧电压过高，熔滴将由短路过渡转变成大颗粒过渡，则焊接过程也不稳定。因此，只有电弧电压与焊接电流匹配合适时，焊接过程才能稳定。飞溅也小，焊缝成形良好，如图5-11所示。

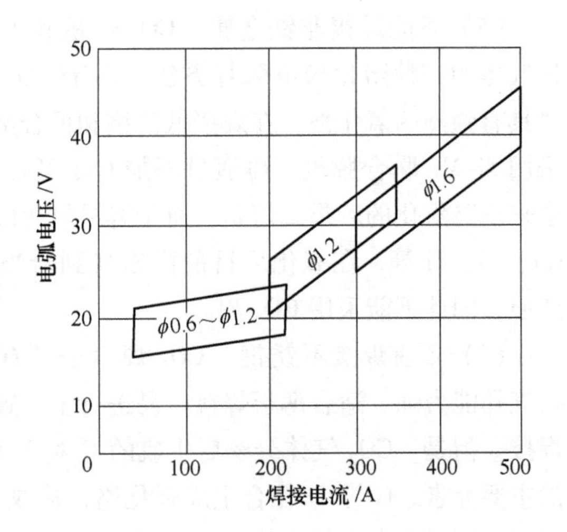

图5-11　合适的电弧电压与焊接电流范围

（11）直径大于1.6mm的焊丝不能采用短路过渡　短路过渡具有焊丝细、电压低、电流小、适合全位置焊，尤其对薄板焊接很适宜的优点，因而在$CO_2$焊的工艺中，应用最为广泛。但是，焊丝直径增大时，飞溅的颗粒尺寸增大，其数量也相应增多，特别是当焊丝直径大于1.6mm时，若再采用短路过渡的形式，则飞溅倾向趋于严重，所以生产中不能采用。

（12）不可忽视焊丝伸出长度上的电阻热　短路过渡焊接主要用于细焊丝，因此，在焊丝伸出长度上产生的电阻热便成为不可忽视的问题。如果焊丝伸出长度过大，则焊丝会因为过热而成段熔断，使喷嘴至焊件间的距离增大，对熔池会失去保护作用，同时飞溅也增大，致使焊接无法正常进行。但焊丝伸出长度也不能过小，否则会使喷嘴与焊件距离缩短，喷嘴易被飞溅堵塞。所以，一般情况下，焊丝伸出长度为焊丝直径的10倍，以5～15mm为宜。

（13）$CO_2$气体流量不宜过大　对于$CO_2$气体的流量，应根据对焊接区的保护效果来确定。通常采用细丝焊时，气体流量为5～15L/min；粗丝焊时，气体流量约为20L/min。如果焊接电流增大，焊接速度加快，焊丝伸出长度也较大，或者是在室外作业时，应加大气体流量，以使保护气体有足够的挺度和良好的保护效果。但是，不能无限度地增大气体流量，因为气体流量过大，会将空气卷入焊接区，氧气和氮气会侵蚀焊缝金属，容易产生气孔和氧化等缺陷，降低$CO_2$气体对熔池的保护作用。所以$CO_2$气体流量不能过大，应适量为宜。

（14）焊件厚度大于6mm不能采用向下立焊　向下立焊具有焊缝成形美观、熔深较浅特点，较适用于厚度小于6mm的焊件焊接。而对于厚度较大的焊件，由于向下立焊时的熔深太浅，无法保证焊件焊透，所以不能采用向下立焊，可采用向上立焊的操作方法。

（15）向下立焊时焊枪不宜做横向摆动　向下立焊时，由于熔池处于垂直位置，液态金属会下淌，如果焊枪再做横向摆动，则电弧无法托住熔池中的液态金属，造成金属溢流，焊缝很难成形。同时，还会产生咬边、未焊透及焊瘤等缺陷。所以，为了控制好熔池中液态金属不流淌，一般情况下应采用细丝短路过渡和较小的热输入。焊接中，焊枪应始终指向熔池，电弧应对准熔池，千万不能做横向摆动，利用电弧吹力将熔池托住，以获得良好的焊缝成形。

（16）向上立焊焊枪不宜做直线式运动　向上立焊的方法具有熔深大、容易操作的特点，特别适合大厚度焊件的焊接。操作时，焊枪可有两种运动方式，即直线式和摆动式。如果焊枪采用直线式运动，焊缝呈凸起状，成形不良，还会出现咬边现象。特别是多层焊时，易产生未焊透。所以，焊接时不宜采用大焊接参数，更不宜采用直线式运动方式。焊枪应根

据板厚适当地调整运动方式，在均匀摆动情况下快速向上移动。另外，大焊脚焊接时，应在焊道中心部分快速移动，而在两侧稍做停顿，摆线不允许向下弯曲，方能避免液态金属流淌和产生咬边。

（17）不宜采用仰焊位置　$CO_2$ 焊仰焊时，熔池中液态金属容易下坠而形成凸形焊缝，甚至流淌。另外，焊工所处的位置难以稳定操作，再附加焊枪的重量和电缆的重量，都增加了操作的难度。要想形成较好的焊缝，焊工必须严格掌握焊接参数及操作要领，因此，一般情况下尽可能避免仰焊。

（18）$CO_2$ 气瓶中气压降至 1.5MPa 以下禁止继续使用　当气瓶中液态 $CO_2$ 用完后，气体的压力将随气体的消耗而下降。在压力降至 1MPa 以下时，$CO_2$ 中所含的水分将增加 1 倍以上，如果继续使用，焊缝容易生成气孔。所以，若焊接对水比较敏感的金属，瓶内气压降至 1.5MPa 以下时必须停止使用。

（19）焊工不可忽视持枪姿势　由于 $CO_2$ 焊枪比焊条电弧焊焊钳重，而且后面拖着一根沉重的送丝导管，焊工操作时感到很吃力。为了能长时间坚持生产，焊工应用身体的某一部分来承担焊枪的重量，使手臂能处于自然状态。手腕能灵活地带动焊枪平移或转动，焊接中既不感到太累，又不感觉别扭，同时又能稳定地进行焊接。所以，每个焊工都不能忽视持枪的姿势，应视焊接位置来确定正确的持枪姿势。

（20）推丝式焊枪不宜采用直径小于 1mm 的焊丝　$CO_2$ 半自动焊多采用推丝式焊枪，这种焊枪结构简单、轻便，操作和维修都方便。但是，焊丝送进的阻力较大。随着软管的加长，送丝的稳定性变差，特别是对较细又较软的焊丝，这种问题更为显著。所以，推丝式焊枪只能适用于直径大于 1mm 的焊丝，且送丝软管不能太长或扭曲，焊枪的操作范围应在 2 ~ 4m。

（21）拉丝式焊枪不能采用粗焊丝　拉丝式焊枪的结构是焊枪与送丝机构合为一体，没有软管，送丝阻力小，速度均匀稳定，但是焊枪结构复杂。如果采用粗焊丝，会增加焊枪的重量，增大焊工的劳动强度，同时也给焊工操作带来不便。所以，只适用细焊丝（直径为 0.5 ~ 0.8mm），不宜采用粗焊丝。

（22）$CO_2$ 气瓶禁止靠近热源和在日光下暴晒　焊接用 $CO_2$ 通常是将其压缩成液体储存于气瓶内，以供焊接使用。$CO_2$ 气瓶的满瓶压力为 5 ~ 7MPa，压力较大，而且气瓶内的压力还与外界温度有关，如果 $CO_2$ 气瓶放置在距热源很近的地方，或置于烈日下暴晒，则气瓶内的压力随着外界的温度升高而增大，最后可能发生爆炸。所以 $CO_2$ 气瓶不允许靠近热源和在日光下暴晒，应放置于通风良好和阴凉的地方。

（23）不可忽视 $CO_2$ 焊的飞溅问题　$CO_2$ 焊的主要问题是飞溅，这是由 $CO_2$ 气体的性质所决定的，大量的飞溅，不仅浪费焊接材料，又溅污焊件表面，同时也影响焊缝外观质量，还增加辅助工作量。更重要的是易造成喷嘴堵塞，若飞溅的金属颗粒沾在导电嘴上，会阻碍焊丝正常送进，造成焊接过程的不稳定。因此，$CO_2$ 焊必须重视飞溅问题，尽量降低飞溅的不利影响。如可以采用含锰、硅脱氧元素的焊丝，选用直流反接，调节焊接回路的电感值，选用正确的焊接参数等。

（24）$CO_2$ 焊机禁止在某些场合安置

1）焊机禁止安置在阳光暴晒、雨淋、潮湿、灰尘较多的地方。

2）焊机安装的场地禁止有斜坡、封闭的空间。通风应良好，地面应坚实。焊机距离墙及其他设备的距离不能少于30cm。

（25）$CO_2$ 焊供电网路的容量不宜过小　如果 $CO_2$ 焊供电网路的容量太小，一些大型设备在起动时，会引起网路电压的急剧下降，或业余加班时电压猛增，造成供电的混乱状态。所以，供电网路的容量应适当。同时，一个电源开关只能接一台焊机，配电盘上每个开关中的熔丝必须与指定焊机的容量一致，不能过大。

（26）$CO_2$ 焊设备中所用电缆不宜过长　$CO_2$ 焊机与配电盘的开关间连接的电缆如果过长，会使电缆的电压降增大，而降低焊机的使用性能。多余的电缆也不能盘绕成卷使用，否则，会引起焊接过程不稳定。所以，$CO_2$ 焊设备中所用的电缆不宜过长。

（27）焊工在操作中应尽量避免烟雾及弧光　$CO_2$ 焊时，若不遵守安全操作规程，盲目施焊，可能造成焊工不必要的伤害。所以，焊工工作时应注意以下问题：

1）焊工在安装 $CO_2$ 气体流量计和减压阀时，不能站在瓶口的正面，否则高压 $CO_2$ 气流会直接吹击人体，造成伤害。

2）焊工不能在密闭的场地施焊，因为 $CO_2$ 气体保护焊会产生烟雾、一氧化碳、二氧化碳及金属粉尘。这些气体和烟雾对人体有害，其中以一氧化碳毒性最大，而且还会使金属生锈。因此，焊接场地要安装抽风装置，保护空气流通。

3）焊工操作时必须穿戴劳动保护用品。因为 $CO_2$ 焊紫外线辐射比焊条电弧焊强烈，容易灼伤裸露的皮肤及引起电光性眼炎等。所以，应使用9～12号的滤光玻璃片。各焊接工位之间应设置遮光屏。

（28）短路过渡焊电弧长度不宜太长　短路过渡焊是 $CO_2$ 焊常用的过渡形式。这种形式不仅适用于平焊，也适用于其他位置的焊接。短路过渡焊电弧长度应适宜，如果电弧长度太长，则熔滴悬挂时间延长，熔滴在斑点压力的作用下，随着电弧飘摆，形成大滴过渡，从而影响了电弧的稳定性。所以，短路过渡焊的电弧长度不能太长。

（29）短路过渡焊不可以使用无电抗的电源　短路过渡焊时引起飞溅的主要原因有两方面，一方面是由熔入金属的FeO与C元素作用生成CO气体并急剧膨胀而发生剧烈爆炸；另一方面是短路过渡后电弧再引燃时产生的对熔池的过大冲击力使液体金属溅出。如果在短路过渡焊接中，不采用电感电源，这种飞溅将无法控制，严重影响焊缝的质量。所以，在焊接回路内应该串联可调的直流电抗器（0.01～0.8mH），用以限制短路电流上升速度和短路电流峰值的大小，使熔滴能够柔顺地与熔池汇合，并使缩颈发生在焊丝与熔滴之间，从而大大减少飞溅，改善焊缝成形。

（30）焊接回路电感值的大小不宜超出规定范围　焊接回路电感值的大小对焊接质量有着直接影响，对于焊接过程能否顺利进行起着决定性作用。如电感值过小，焊接中会产生大量的小颗粒飞溅；电感值过大，液体金属过桥难以形成，面且不易断开，会产生大颗粒的飞溅，严重时，造成焊丝固体短路，或焊丝大段熔断，焊缝成形困难，甚至中断焊接过程。因

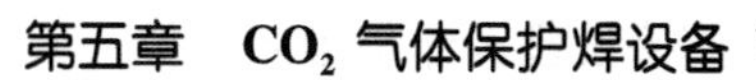

此，$CO_2$ 短路过渡焊时，必须选择正确的回路电感值，焊接回路电感值推荐范围见表5-1。

**表5-1　焊接回路电感值推荐范围**

| 焊丝直径/mm | 焊接电流/A | 电弧电压/V | 电感/mH |
| --- | --- | --- | --- |
| 0.8 | 100 | 18 | 0.01~0.08 |
| 1.2 | 130 | 19 | 0.02~0.20 |
| 1.6 | 150 | 20 | 0.30~0.70 |

# 第三节　$CO_2$ 焊设备的维护保养

要保证 $CO_2$ 焊设备的正常使用，必须对其进行定期与日常的保养、维护。日常使用中的保养和维护，包括保持 $CO_2$ 焊机内外清洁，经常用压缩空气吹净尘土；机壳上不应堆放金属或其他物品，以防止 $CO_2$ 焊机在使用时发生短路和损坏机壳；$CO_2$ 焊机应放在干燥通风的地方，注意防潮等。

$CO_2$ 焊机的定期维护和保养可分为以下两种形式。

## 一、一级技术保养

1）检查焊机输出接线规范、牢固，并且出线方向向下接近垂直，与水平夹角必须大于70°。

2）检查电缆连接处的螺钉紧固，平垫、弹垫齐全，无生锈、氧化等不良现象。

3）检查接线处电缆裸露长度是否小于10mm。

4）检查焊机机壳接地是否牢靠。

5）检查焊机电源、母材接地是否良好、规范。

6）检查电缆连接处要可靠绝缘，用胶带包扎好。

7）检查电源线、焊接电缆与电焊机的接线处屏护罩是否完好。

8）检查焊机冷却风扇转动是否灵活、正常。

9）检查电源开关、电源指示灯及调节手柄旋钮是否保持完好，电流表、电压表指针是否灵活、准确，表面清楚无裂纹，表盖完好且开关自如。

10）检查 $CO_2$ 气体有无泄漏。

11）检查焊机外观是否良好、有无严重变形。

12）检查 $CO_2$ 焊枪与 $CO_2$ 送丝装置连接处内六角螺母是否拧紧，$CO_2$ 焊枪是否松动。

13）检查 $CO_2$ 送丝装置电缆及气管是否包扎并固定好。

14）检查 $CO_2$ 送丝装置矫正轮、送丝轮磨损情况并及时更换。

15）检查焊枪有无破损、上下罩壳是否松动影响绝缘，罩壳紧固螺钉是否松动、与电缆连接牢固导电良好。

16）每周彻底清洁设备表面油污一次。

17）每半月对焊机内部用压缩空气（不含水分）清除一次内部的粉尘（一定要切断电源后再清扫）。在去除粉尘时，应将上部及两侧板取下，然后按顺序由上向下吹，附着油脂类用布擦净。

## 二、二级技术保养

按照“日常维护”项目进行，并增加下列保养工作。

1）检查各线路及零附件是否完好。

2）检查熔丝是否符合要求，如发现已氧化、严重过热、变色应更换熔丝。

3）检查电流调节装置，应符合调节范围的要求。

4）检查设备各部分润滑情况。

为了充分发挥焊机的性能，保证安全作业，日常的检修也非常关键。日常检修时，以检查焊机外壳、操作控制面板为重点，依次检查以下各部位有无损坏或失灵。

（1）焊接电源　焊接电源的检修要点见表5-2。

**表5-2　焊接电源的检修要点**

| 部　　位 | 检修要点 | 备　　注 |
|---|---|---|
| 操作控制板 | 开关的操作、转换及安装情况 | — |
| | 验证电源指示灯的亮灭 | — |
| 冷却风扇 | 查验是否有风及声音是否正常 | 如无风扇转动声或有异常声音，则需进行内部检修 |
| 电源部分 | 通电时是否发生异常振动及蜂鸣声 | — |
| | 通电时是否产生异味 | — |
| | 外观上是否有变色等发热迹象 | — |
| 外围 | 送气管路有无破损，连接处有无松动 | — |
| | 外壳及其他紧固部位是否有松动 | — |

（2）焊接用焊枪　焊枪的检修要点见表5-3。

（3）送丝机　送丝机的检修要点见表5-4。

（4）电缆类　电缆的检修要点见表5-5。

（5）电源内部的除尘　拆掉焊接电源的两个侧板和顶盖，用除去水气的压缩空气（干燥空气）将电源内堆积的飞溅物和尘土吹净。

（6）焊接电源整体及周围的检修　以检查气味、变色、发热迹象和内部连接是否牢靠为主，重点检查在日常检修中未尽之处。

（7）电缆　对输出端电缆、输入端电缆及接地线的检修，需在日常检修内容的基础上深入细致地进行。

（8）消耗元件的检修、维修　输入主电路中使用的交流接触器和印制电路上的继电器等，是分别经“接点”来完成电路的通、断，在电气上和机械上均有一定使用寿命。由于用户使用情况不同，上述元件实际用寿命不能一概而论。因此，在定期检修时，应将其看作

一种消耗元件加以检修和维护。

**表 5-3　焊枪的检修要点**

| 部　　位 | 检 修 要 点 | 备　　注 |
| --- | --- | --- |
| 喷嘴 | 安装是否牢固，前端是否变形 | 产生气孔的原因 |
| | 是否附着飞溅物 | 成为焊枪烧损的原因（其有效解决方法是使用防溅剂） |
| 导电嘴 | 安装是否牢固 | 成为焊枪螺纹损伤的原因 |
| | 端头损伤、孔的磨损及堵塞 | 成为电弧不稳或断弧的原因 |
| 送丝软管 | 焊丝直径和送丝软管内径是否吻合 | 不吻合是导致电弧不稳定的原因，应换用合适的送丝软管 |
| | 局部的弯折和伸长 | 导致送丝不良和电弧不稳的原因，应更换用合适的送丝软管 |
| | 送丝软管内污垢，焊丝镀层残渣的堵塞 | 可导致送丝不良和电弧不稳（用煤油擦拭或更换新送丝软管） |
| | 热缩管破损、O 形圈磨损<br>热缩管　O 形圈 | 可引起飞溅（热缩管破损需要更换新的送丝软管，O 形圈磨损需要更换新品） |
| 气体分流器 | 忘记插入，孔的堵塞或从其他厂家购入的元件的装配 | 可导致气体保护不良引起的焊接缺欠（飞溅等），焊枪本体的烧损（本体内的电弧）等，需正确处理 |

**表 5-4　送丝机的检修要点**

| 部　　位 | 检 修 要 点 | 备　　注 |
| --- | --- | --- |
| 压把 | 是否按焊丝直径调到加压指示线以上 | 导致送丝不稳，电弧不稳定 |
| SUS 管 | SUS 管口处和送丝轮槽是否积存了切粉、废屑 | 清除切粉废屑，检查发生原因并予以根除 |
| | 焊丝直径和 SUS 管内径是否吻合 | 不吻合时，导致电弧不稳定或产生切粉、废屑 |
| | 检查 SUS 管接口中心和送丝轮槽中心是否错位（目测） | 错位将导致切粉的产生和电弧不稳 |
| 送丝轮 | 焊丝直径和送丝轮的公称直径是否一致<br>检查有无送丝轮槽堵塞 | 导致焊丝的切粉产生、送丝软管的堵塞及电弧的不稳<br>如发生异常现象，要更换新品 |
| 加压轮 | 检查转动的平稳性，焊丝加压面的磨损及接触面的变窄 | 导致送丝不良，进而引起电弧不稳定 |

**表 5-5　各类电缆的检修要点**

| 部　　位 | 检 修 要 点 | 备　　注 |
| --- | --- | --- |
| 焊枪电缆 | 焊枪电缆是否弯曲程度太大<br>接口部分的金属连接部位是否发生松动 | 1. 引起送丝不良<br>2. 电缆弯曲送丝会引起电弧不稳定<br>3. 注意尽量将焊枪电缆拉直使用 |
| 输出端电缆 | 电缆绝缘物的磨损、损伤等<br>电缆接头处的裸露（绝缘损伤）和松脱（焊接电源端子部位、母材连接处的电缆） | 为确保人身安全和稳定的焊接，要根据工作场地的情况采取适当的检修方法<br>日常检修可笼统、简单，定期检修要深入、细致 |
| 输入端电缆 | 配电箱的输入保护设施的输入、输出端子的连接是否牢固<br>保险装置的线缆连接是否可靠<br>焊接电源的输入连结处线缆是否牢固<br>输入端电缆在配线过程中，其绝缘物是否发生磨损、损伤而露出导体部分 | |
| 接地线 | 焊接电源接地用地线有无断路，连接是否牢固<br>母材接地线有无断路现象，连接是否牢固 | 为防止漏电事故，确保安全，务必进行日常检修 |

# 第四节　常用 $CO_2$ 焊机的故障排除

## 一、国产 NB—350 型晶闸管控制半自动 $CO_2$ 焊机

NB—350 型晶闸管控制半自动 $CO_2$ 焊机主要由焊接电源、HW—35 送丝装置和 QTB—350A 焊枪等部分组成。该焊机的技术数据见表 5-6，操作面板和控制器的组成如图 5-12、图 5-13 所示。

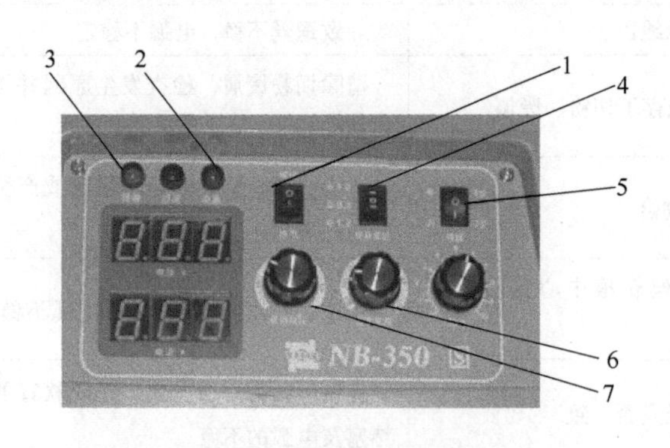


图 5-12　NB—350 型晶闸管控制半自动 $CO_2$ 焊机的操作面板

1—供气开关　2—电源指示灯　3—报警指示灯　4—丝径转换开关　5—收弧转换开关　6—收弧电流调节器　7—收弧电压调节器

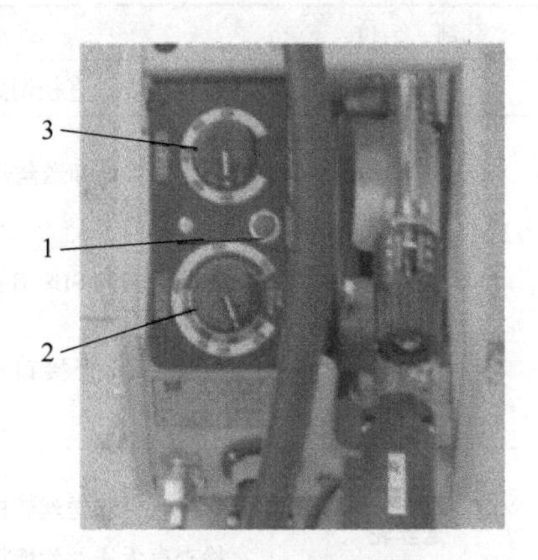


图 5-13　NB—350 型晶闸管控制半自动 $CO_2$ 焊机的遥控器

1—手动送丝开关　2—焊接电流调节器　3—焊接电压调节器

表 5-6　NB—350 型晶闸管控制半自动 $CO_2$ 焊机的技术数据

| 额定输入电压/V | 输入相数 | 额定输入容量/(kV·A) | 输出电流/A | 输出电压/V | 额定负载持续率（%） | 适用焊丝直径/mm |
|---|---|---|---|---|---|---|
| AC380 | 3 | 18.1 | DC60～350 | DC16～36 | 60 | 0.8～1.2 |

**1. 焊机的安装**

1）电源的电压、开关和熔丝的容量，必须符合焊机铭牌上的要求。

2）焊接电源的导电外壳必须可靠接地，地线截面必须大于 $12mm^2$。

3）用电缆将焊接电源输出端的负极和工件连接，将正极与送丝机连接，$CO_2$ 焊通常采用直流反接，如果用于堆焊，最好采用直流正接。

4）连接流量计至焊接电源及焊接电源至送丝机处的送气管。

5）连接预热器。

6）连接焊枪与送丝机。

7）连接焊接电源至供电电源开关间的电缆。

**2. 焊机的操作**

该焊机操作简便，其具体的操作步骤如下：

1）接通三相电源配电箱的总开关。

2）接通焊机的电源开关。

① 把焊枪开关置于断开的位置上，把供气开关置于“焊接”的位置上。

② 检查，接通焊接电源开关。此时若电源指示灯亮，则说明电源能正常工作；若异常指示灯亮，则表示电源内出现异常状况，需检查维修。

③ 观察冷却焊接电源用的风扇转动是否正常。

3）调节气体流量。

① 将焊机操作面板上的供气开关扳到“检查”的位置上。

② 旋转 $CO_2$ 瓶阀上的手轮，开启阀门，转动减压流量调节器的手轮，放出 $CO_2$ 气体，放气 2～3 次。

③ 调节气体流量达到所需要的值。

④ 把供气开关扳回“焊接”的位置上。

4）装入焊丝。

① 把焊丝盘套入轴上，并装好轴销，防止焊丝脱落。

② 用手钳把焊丝端部弄成直线，且端头避免成锐角，焊丝穿过矫直装置和加压装置，送进焊枪弹簧软管的输入口。

③ 检查矫直轮和弹簧软管输入口中心位置是否一致。

5）焊丝加压。

① 把焊丝嵌入给送滚轮的沟槽中，扳动焊丝手柄对焊丝加压。

② 根据要求，调整弹簧压力，调整施加于焊丝的压力。

6）焊丝矫直。

① 根据焊丝粗细调整焊丝矫直量。

② 调整后将矫直轮固定螺母拧紧。

7）焊丝通过焊枪。

① 检查导电嘴的孔径是否和焊丝直径匹配。

② 将控制面板上的丝径转换开关置于正确的焊丝直径挡位上。

③ 松开导电嘴和喷嘴。

④ 按下遥控盒上的焊丝点动按钮，开始送丝，送丝速度可通过旁边的焊接电流调节器进行调节（直径细的焊丝容易折断，应放慢送丝速度），直到焊枪头处露出15～20mm焊丝，再松开。

8）调节焊接电流和电弧电压。此焊机有电流、电压分别调节和简易一元化调节两种调节方式，当采用电流、电压分别调节的方式时，可用焊接电流调节器和焊接电压调节器分别将焊接电流和空载电压调到合适值；当采用简易一元化调节方式时，只需调节焊接电流调节器，在调节焊接电流的同时，电弧电压也相应变化达到大致的匹配程度。如需更好的匹配，可通过焊接电压调节器进行微调。

9）调节收弧电流和收弧电压

① 若焊接过程中需要有收弧控制，则将收弧转换开关置于“有”的位置，否则，置于“无”的位置。

② 若有收弧控制，则通过遥控盒上的收弧电流调节器和收弧电压调节器进行收弧电流和收弧电压的调节。

10）焊接。

① 当处在有收弧控制工作状态下时，焊枪开关有两次按下、放开的动作。第一次按下焊枪开关，引弧、输气、通电、送丝，当焊接电弧稳定燃烧之后，松开焊枪开关，进行焊接，此时的焊接电流和焊接电压由遥控盒上的焊接电流调节器和焊接电压调节器进行调节；第二次按下焊枪开关时，降低送丝速度，降低焊接电压及焊接电流，填满弧坑，此时的焊接电压、焊接电流由收弧电流调节器和收弧电压调节器进行调节；当弧坑填满之后松开焊枪开关，之后回烧焊丝端、停止焊接。

② 当处在无收弧控制工作状态下，按下焊枪开关，输气、通电、送丝，焊接工作进行，焊接时要始终按住焊枪开关；松开焊枪开关，停丝、断电、停气，焊接工作停止。

11）焊接过程结束后，将电源开关和气瓶阀关闭。

**3. 焊机常见故障及排除方法**

$CO_2$ 设备故障的判断一般采用直接观察法、表测法、示波器波形检测法和新元件代入等方法。故障的排除步骤一般为：从故障发生部位开始，逐级向前检查整个系统，或相互有影响的系统或部位；还可以从易出现问题的、经常易损坏的部位着手检查，对于不易出现问题的、不易损坏的，且易修理的部位，再进一步检查。

NB—350型 $CO_2$ 气体保护焊机的常见故障及排除方法见表5-7。

表 5-7　NB—350 型 $CO_2$ 气体保护焊机的常见故障及排除方法

| 故障特征 | 产生原因 | 排除方法 |
| --- | --- | --- |
| 焊接过程中发生熄弧现象和焊接参数不稳定 | 1. 焊接参数选择不当<br>2. 送丝滚轮磨损<br>3. 送丝不均匀，导电嘴磨损严重<br>4. 焊丝弯曲太大<br>5. 焊件和焊丝不清洁，接触不良 | 1. 调整焊接参数<br>2. 更换送丝滚轮<br>3. 检修调整，更换导电嘴<br>4. 调直焊丝<br>5. 清理焊件和焊丝 |
| 焊丝送给不均匀 | 1. 送丝滚轮压力调整不当<br>2. 送丝滚轮 V 形槽口磨损<br>3. 减速箱故障<br>4. 送丝电动机电源插头插得不紧<br>5. 焊枪开关或控制线路接触不良<br>6. 送丝软管接头处或内层弹簧管松动或堵塞<br>7. 焊丝绕制不好，时松时紧或弯曲<br>8. 焊枪导电部分接触不良，导电嘴孔径不合适 | 1. 调整送丝轮压力<br>2. 更换新滚轮<br>3. 检修<br>4. 检修、插紧<br>5. 检修、拧紧<br>6. 清洗、修理<br>7. 更换一盘或重绕、调直焊丝<br>8. 更换导电嘴 |
| 送丝电动机停止运行或电动机运转而焊丝停止送给 | 1. 电动机本身故障（如炭刷磨损）<br>2. 电动机电源变压器损坏<br>3. 熔丝烧断<br>4. 送丝轮打滑<br>5. 继电器的触点烧损或其线圈烧损<br>6. 焊丝与导电嘴相熔合在一起<br>7. 焊枪开关接触不良或控制线路断路<br>8. 控制按钮损坏<br>9. 焊丝卷卡在焊丝进口管处 | 1. 检修或更换<br>2. 更换<br>3. 换新<br>4. 调整送丝轮压紧力<br>5. 检修、更换<br>6. 更换导电嘴<br>7. 更换开关、检修控制线路<br>8. 更换控制按钮<br>9. 将焊丝退出剪掉一段 |
| 电压失调 | 1. 三相多线开关损坏<br>2. 继电器触点或线包烧损<br>3. 线路接触不良或断线<br>4. 变压器烧损或抽头接触不良<br>5. 移相和触发电路故障<br>6. 大功率晶体管击穿<br>7. 自饱和磁放大器故障 | 1. 检修或更换<br>2. 检修或更换<br>3. 用万用表逐级检查<br>4. 检修<br>5. 检修更换新元件<br>6. 用万用表检查更换<br>7. 检修 |
| 焊接电压低 | 1. 网络电压低<br>2. 三相变压器单相断电或短路<br>3. 三相电源单相断路<br>1）硅元件单相击穿<br>2）单相熔断丝烧断 | 1. 调大挡<br>2. 分开元件与变压器的连接线，用万用表测量，找出损坏的线包更换<br>3. 查找断路原因用万用表测量各相硅元件正、反向电阻，找出损坏硅元件并更换<br>4. 找出熔断丝并更换 |

（续）

| 故障特征 | 产生原因 | 排除方法 |
| --- | --- | --- |
| 焊丝在送丝滚轮和软管进口处发生卷曲或打结 | 1. 送丝滚轮、软管接头和导丝接头不在一条直线上<br>2. 导电嘴与焊丝粘住<br>3. 导电嘴孔径太小<br>4. 送丝软管内径小或堵塞<br>5. 送丝滚轮压力太大，焊丝变形<br>6. 送丝滚轮离软管接头进口处太远 | 1. 调直<br>2. 更换导电嘴<br>3. 更换导电嘴<br>4. 清洗或更换软管<br>5. 调整压力<br>6. 缩短两者之间距离 |
| 气体保护不良 | 1. 气路阻塞或接头漏气<br>2. 气瓶内气体不足甚至没气<br>3. 电磁气阀或电磁气阀电源故障<br>4. 喷嘴被飞溅物阻塞<br>5. 预热器断电造成减压阀冻结<br>6. 气体流量不足<br>7. 焊件上有油污<br>8. 工作场地空气对流过大 | 1. 检查气路，紧固接头<br>2. 更换新瓶<br>3. 检修<br>4. 清理喷嘴<br>5. 检修预热器，接通电路<br>6. 加大流量<br>7. 清理焊件表面<br>8. 设置挡风屏障 |
| 电流失调 | 1. 送丝电动机或其线路故障<br>2. 焊接回路故障<br>3. 晶闸管调速线路故障 | 1. 用万用表逐级检查<br>2. 用万用表逐级检查<br>3. 用万用表逐级检查 |
| 焊接电流小 | 1. 电缆接头松动<br>2. 焊枪导电嘴间隙大<br>3. 焊接电缆与工件接触不良<br>4. 焊枪导电嘴与导电杆接触不良<br>5. 送丝电动机转速低 | 1. 拧紧<br>2. 更换合适导电嘴<br>3. 拧紧连接处<br>4. 拧紧螺母<br>5. 检查电动机及供电系统 |

## 二、日本大阪 X 系列 $CO_2$ 半自动气体保护焊机

日本大阪变压器（株式会社）研制和生产的 X 系列晶闸管式熔化极气体保护半自动焊机，有三种规格，即 X-200PS、X-350PS 和 X-500PS，各种焊机的工作原理基本相同。该系列焊机主要用于 $CO_2$ 焊，也可用于其他的 MAG/MIG 焊，焊机的使用范围较广。下面以 X-500PS 型焊机为例，对该系列焊机作进一步说明。

**1. 焊机的特点和主要技术参数**

（1）焊机的特点

1）采用独特的模拟负载控制电路，焊接参数不受负载变化的影响，同时，对输入电压、环境温度等变化具有较强的补偿能力。工作时，焊接电弧和焊接参数十分稳定，焊接性能较好。

2）焊机控制电路中的同步脉冲产生电路设计巧妙，同步点稳定、可靠、具有较强的抗网络电压波形畸变的能力。

3）焊机设置有节能电路。焊接工作完成后，焊机可自动切断电源，从而减少长时间空载带来的损耗，节省电能。

4）调节焊接参数十分方便。利用遥控盒即可调节焊接参数，且调节十分简便。

5）该机具有填弧坑和焊接时焊丝头部去小球功能，因而，无需剪断焊丝端头，就能顺利地引弧，并且再次引弧的成功率很高。同时，焊接结束时所具有的自动收弧处理功能可填充弧坑，保证收弧处的焊缝质量。

6）焊机维修简单。焊机内每一块印制电路板都具有各自独立的功能，一旦焊机发生故障时，只需更换有故障的印制电路板，即可修复焊机。如果对焊机的工作原理十分了解，不更换印制电路板，也能够方便、快捷地修复焊机。

（2）焊机的主要技术参数　焊机的主要技术参数见表5-8。

**表5-8　X-500PS型焊机的主要技术参数**

| 额定输入相数和电压 | 三相、50/60Hz、380(1±10%)V |
|---|---|
| 额定容量 | 32kV·A |
| 额定输出电流 | 500A |
| 额定输出电压 | 45V |
| 焊接电流调节范围 | 50～500A |
| 焊接电压调节范围 | 15～45V |
| 空载电压 | 50～70V |
| 额定负载持续率 | 60% |
| 焊丝直径 | $\phi$1.0mm、$\phi$1.2mm、$\phi$1.6mm |
| 气体流量 | 25L/min |
| 焊枪 | 鹅颈式（3m电缆） |
| 电源的外形尺寸 | 480mm×655mm×915mm |
| 电源质量 | 175kg |

**2. 焊机的主要结构及其作用**

该焊机主要由三部分组成：CPZX-500型焊接电源；CM-231型送丝机构；WTC-5002焊枪。由焊接电源引出的遥控盒附带有3m长的电缆。从送丝电动机引出的焊枪也附带有3m长的综合电缆，该电缆具有导电、输气、送丝和连接控制线的功能。该机各部分之间连接方便，使用灵活。全部印制电路板都安装在焊接电源箱的内部。下面对焊机各主要部分及其作用进行简要介绍。

（1）焊接电源　采用平外特性电源，能够提供可调的焊接电压和可变输出电流。电源主要由主变压器、晶闸管整流器、平衡电抗器、直流输出滤波电抗器、接触器、冷却风扇、控制电路等组成。印制电路板全部安装在电源箱内，各印制电路板的功能见表5-9。各印制电路板都有独立的功能，有利于设备的调试与维修。

表 5-9 印制电路板的主要功能

| 印制电路板号 | 功 能 |
| --- | --- |
| P7539S | 触发电路 |
| P7539Q | 模拟控制电路；送丝电动机控制电路 |
| P7204P | ±15V，同步脉冲电路，断相保护电路 |
| P1589J | 触发主晶闸管的接线板 |
| P7204J | 主接触器控制电路 |
| P7541R | 焊接程序控制电路 |

（2）送丝机构 在控制电路的作用下，可自动输送焊丝。主要零部件有送丝电动机、电磁气阀、减速箱、送丝轮、矫正轮、压紧手柄和控制电缆等。

（3）焊接参数遥控盒 装有电流、电压调节电位器，用来远距离调节焊接电流和电弧电压。有点动控制送丝机构。

（4）焊枪 焊枪具有送气、送丝和输电的功能。半自动 $CO_2$ 焊枪一般采用鹅颈式焊枪，主要零部件有导电嘴、喷嘴、绝缘体、连杆、鹅颈管、焊把、手把开关、综合电缆（含气管、弹簧软管、焊接电缆线及控制电线）、导管和导管套等。

（5）流量计 流量计具有预热、减压和调节 $CO_2$ 气体流量的作用。主要零部件有加热装置、高压室、低压室、压力表、调压手柄、外表管、内表管、浮子和流量调节旋钮等。

**3. 使用注意事项**

为使焊机安全和高效率的使用，应注意定期检查与维修。检查时，应注意切断一次侧的供电电源。带电检测时要注意安全。检查时应注意以下几个方面。

（1）导电嘴

1）导电嘴长度与喷嘴长度相等或比喷嘴短 2～3mm 为宜。

2）导电嘴内孔磨损较大时应更换，以保证电弧稳定。

3）导电嘴必须拧紧（使用者需配备相应工具）。

4）焊接时保证焊丝干伸长度，以保证焊接质量。

（2）喷嘴

1）使用时一定要拧紧，以防止漏气和电弧长度的变化。

2）及时清理飞溅物，但不能用敲击的方法。

3）保证与导电嘴的同轴度，以避免乱流、涡流。

（3）气筛 焊接时必须使用，可以使出气均匀；防止喷嘴与导电嘴粘连；保护喷嘴接头。破损时必须及时更换。

（4）枪管

1）安装时必须到位，用 4mm 内六角扳手拧紧。

2）绝缘套管完好无损，若破损应及时处理。

（5）送丝管

1）长度符合要求，不宜过短。

2）要定期检查送丝阻力，及时清理、除尘，可用敲打法和揉搓法、拉丝法。

3）老化造成送丝不稳时，不能加油进行润滑，应及时更换。

（6）焊枪

1）与送丝机的安装位置正确，用6mm内六角扳手拧紧。

2）气管接头用扳手轻轻拧紧。

3）焊接时弯曲半径不能小于300mm，否则供气和送丝会受影响。

4）严禁用焊枪拖拽送丝机。

（7）焊接电缆

1）焊接回路中所有连接点牢固，不得虚接和松接。

2）保证电缆截面积与焊机最大电流匹配，不能用钢、铁条代替。

3）加长电缆线时不能盘绕，以防止产生电感。

（8）送丝机

1）送丝轮槽径、焊接电源面板上丝径选择、手柄压力与焊丝直径对应。

2）焊接电流符合焊丝直径允许使用电流范围。

3）移动时避免冲击，以免造成机架变形、损坏，不要拉动焊枪移动。

4）除焊丝铝盘轴外，其他部位不能加油润滑。

（9）供气系统

1）使用 $CO_2$ 气体时，流量计应该加热（设备自带功能），刻度管与水平面垂直。

2）气体流量根据电流确定，一般在15～25L/min。

3）气瓶必须直立固定，一定不要使气瓶摔倒，否则会损坏流量计。

4）供气管路任何部位不应有气体泄漏现象。

（10）其他

1）检查有无异常的振动、响声和气味。

2）检查电缆接头处有无异常发热现象。

3）检查风机旋转是否均匀。

4）检查开关动作是否良好。

5）注意检查和清理送丝轮的沟槽。

6）检查焊丝矫正轮等送丝通路上有无油污及灰尘。

7）长期使用后应用压缩空气清理焊枪电缆内的弹簧管。

8）随时清除喷嘴及导电嘴上的飞溅金属，如发现其表面烧伤应立即更换。

9）导电嘴内孔磨损而引起导电不良时，应立即更换。

10）焊机每使用3～6个月后进行如下检查：

① 检查电气连接的部分，如检查焊机的输入端和输出端电缆接头处的紧固螺钉是否发生松动、生锈等接触不良现象。

② 检查有无绝缘破坏等方面的问题。

③ 检查连接焊机外壳的接地线是否安全接地。

④ 清除焊机内部的灰尘。另外，要拆下焊机的前面板，查看各控制继电器的触点是否

烧伤。如发现触点明显烧伤，则要更换。

**4. 焊机的常见故障和处理方法**

X 系列 $CO_2$ 半自动气体保护焊机的常见故障及排除方法见表 5-10。

**表 5-10　X 系列 $CO_2$ 半自动气体保护焊机的常见故障及其排除方法**

| 故障特征 | 产生原因 | 排除方法 |
| --- | --- | --- |
| 焊机送电后，电源指示灯不亮，风机也不转动，按起动按钮时，KM 接触器也不吸合 | 1. 供电电源回路有故障<br>2. 变压器损坏或供电回路熔断器损坏<br>3. 熔断器损坏或主接触器控制板 P7204J 回路故障<br>4. 焊接电源控制开关故障 | 1. 检查供电回路，如果是电源问题应立即处理<br>2. 如果变压器损坏或供电回路熔断器损坏，要对损坏的器件进行更换<br>3. 对损坏的熔断器按规格更换，检查并处理主接触器控制板 P7204J 回路<br>4. 检查焊接电源控制开关，修理或更换 |
| 焊机送电后，电源指示灯不亮，焊接电源控制开关闭合，但风机不转动，按起动按钮后焊机不工作 | 1. 风机故障或损坏<br>2. 焊接电源控制开关故障 | 1. 检查风机，排除故障（断线、掉头、电动机线圈损坏）<br>2. 检查焊接电源控制开关，修理或更换 |
| 焊机使用时电弧燃烧不稳度 | 1. 所用导电嘴孔径不对<br>2. 导电嘴孔径磨损<br>3. 导电嘴与导电杆螺母接触不良<br>4. 焊丝杆伸长太长<br>5. 焊机电缆损坏或与焊枪连接处接触不良<br>6. 焊接参数选择不当<br>7. 焊丝质量差<br>8. 送丝速度不稳<br>9. 送丝轮槽磨损严重<br>10. 压紧轮压力太小或太大 | 1. 更换合适孔径的导电嘴<br>2. 更换新的导电嘴<br>3. 检查清理后紧固<br>4. 降低焊枪距工件的距离<br>5. 修复、更换电缆线紧固件连接螺钉<br>6. 调整焊接参数<br>7. 更换合格的焊丝<br>8. 调整送丝机<br>9. 更换新送丝轮<br>10. 调整压力至适当 |
| 设备焊接时飞溅太大 | 1. 焊接参数选择不当<br>2. 焊丝直径选择开关不对<br>3. 供电电压波动太大<br>4. 焊件或焊丝灰尘、油污、水、锈等杂物过多<br>5. 焊丝质量不好<br>6. 焊机内线路板有故障<br>7. 电缆正、负极接反<br>8. 焊枪太高，焊丝干伸太长 | 1. 调整焊接参数，使焊接电流、电弧电压、焊接速度搭配得当<br>2. 将开关扳到正确位置<br>3. 加稳压器，变压器单独供电，避开用电高峰<br>4. 清理杂物<br>5. 更换好的焊丝<br>6. 修理或更换内线路板<br>7. 调整正、负极电缆线<br>8. 降低焊枪高度 |

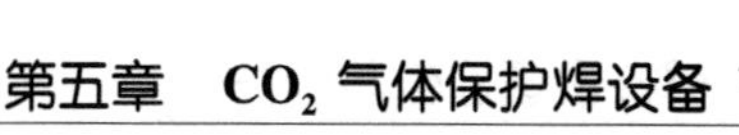

（续）

| 故障特征 | 产生原因 | 排除方法 |
|---|---|---|
| 焊缝收弧不好 | 1. 收弧规范不当<br>2. 收弧时间调节旋钮位置不对<br>3. $CO_2$ 气流太大<br>4. 焊枪位置太低<br>5. 下坡量太大 | 1. 调整收弧规范<br>2. 调节旋钮位置至合适处<br>3. 减少 $CO_2$ 气体流量<br>4. 适当提升焊枪<br>5. 减小下坡量 |
| 焊件焊缝产生大量气孔 | 1. $CO_2$ 气体纯度不够<br>2. 气体流量不足<br>3. 气体压力低于 0.1MPa<br>4. 焊丝伸出导电嘴太长<br>5. 焊丝焊道有油、锈、水、飞溅剂等<br>6. $CO_2$ 气阀损坏或堵塞<br>7. 飞溅物堵塞焊枪出气网孔或喷嘴<br>8. 电磁阀线圈无电<br>9. $CO_2$ 橡皮管漏气<br>10. 减压阀或气瓶出口被冻住（冬天常见）<br>11. 焊接区空气对流过大 | 1. 使用纯度高于 99.5%（体积分数）的 $CO_2$ 气体<br>2. 调好（加大）气体流量<br>3. 换新气瓶<br>4. 降低焊枪高度<br>5. 清理焊道<br>6. 更换或修理 $CO_2$ 气阀<br>7. 清理飞溅，使用防飞溅或换新焊枪<br>8. 检查 PLC 程序、气阀电源（AC36V）及线路<br>9. 更换或修理橡胶管<br>10. 检修加热器，使用可靠性较高的加热管<br>11. 用阻挡板阻隔空气对流，夏天风扇不要直吹焊缝 |
| 送丝机不送丝，形不成焊缝 | 1. 送丝电源熔丝烧坏<br>2. 遥控盒与焊机连接电缆线断线或接触不良<br>3. 送丝板工作不正常<br>4. 程序控制板损坏<br>5. 送丝机变速机构损坏<br>6. 送丝机电刷磨损严重<br>7. 送丝机电枢烧坏<br>8. 压紧轮压力太大<br>9. 焊丝与导电嘴烧坏<br>10. 未打开电源开关 | 1. 更换熔丝（管）<br>2. 修复电缆，拧紧插头<br>3. 修复或更换送丝板<br>4. 修复或更换控制板<br>5. 修复或更换变速机构或送丝机<br>6. 更换新电刷<br>7. 更换新送丝机或重绕电枢<br>8. 减少压力（松开及扣紧螺母）<br>9. 清理或更换导电嘴，提升焊枪调整 PLC 程序（减少返烧时间）<br>10. 打开电源开关 |
| 焊接时焊偏 | 1. 焊枪位置不对<br>2. 导电嘴孔径椭圆<br>3. 工件船角大小不合适<br>4. 轮辐高度不一致 | 1. 调整焊枪位置<br>2. 更换新导电嘴<br>3. 调整工作台角度或焊枪角度<br>4. 车削轮辐爪平面 |

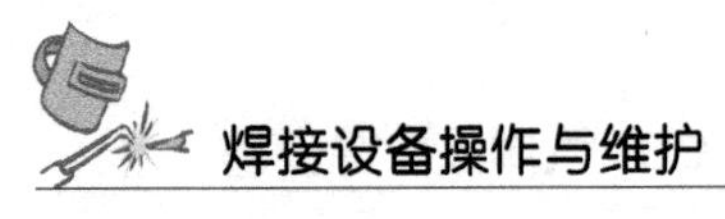


（续）

| 故障特征 | 产生原因 | 排除方法 |
| --- | --- | --- |
| 焊缝咬边 | 1. 焊枪位置不当<br>2. 焊接工作台角度不合适<br>3. 焊枪角度不合适<br>4. 焊接参数不合适<br>5. 工件放不到位<br>6. 轮辐与胎具间隙太大<br>7. 轮辐高度不一致 | 1. 调整焊枪位置<br>2. 调整工作台角度<br>3. 调整焊枪倾斜机构<br>4. 调整焊接参数<br>5. 固定台胎具尺寸不合适，这时可清理工作台面焊渣和将轮辐打孔磨平毛刺<br>6. 加大胎具尺寸<br>7. 车削辐爪平面 |
| 焊不透 | 1. 焊接参数小<br>2. 焊枪位置及倾角不对<br>3. 焊机容量小<br>4. 电网电压低 | 1. 加大焊接参数（特别是电流）<br>2. 调整焊枪位置及倾角<br>3. 更换大容量电源<br>4. 暂停焊接，待网压高时再焊 |
| 引弧、收弧后移现象 | 1. PC 机计算器出错<br>2. 焊枪位置沿圆周周向移动 | 1. 调整焊枪位置<br>2. 更换制动系统，修改控制程序，增加制动时间，提高制动用气压 |
| 焊件出现裂纹 | 1. 焊接速度太快<br>2. 焊接电流太小<br>3. 弧坑未填好<br>4. 焊材含 S、P 杂质过多<br>5. 轮辐轮辋装配间隙大 | 1. 降低焊接速度<br>2. 提高焊接电流<br>3. 调整收弧规范<br>4. 选用合适焊丝<br>5. 提高装配质量 |
| 焊缝凹陷 | 轮辐轮辋间隙大 | 减少间隙，先手工焊再自动焊，补焊至焊缝表面平齐 |
| 焊件有焊穿 | 1. 转台转速太慢或不转<br>2. 焊接规范太大<br>3. 内焊枪偏到轮辋上，外焊枪偏到轮辐上 | 1. 调速旋钮置于适当位置（不能置于零位）或检修调速电动机控制板<br>2. 减小焊接规范<br>3. 调整焊枪位置 |
| 引弧处成形不良 | 1. 引弧处有油锈等杂质<br>2. 焊丝杆伸长太长<br>3. 工作台转速太快<br>4. PLC 程序不完善<br>5. 电焊机工作不稳定 | 1. 清理工件杂质<br>2. 缩短焊丝杆<br>3. 降低工作台转速<br>4. 增加引弧控制程序<br>5. 检修电焊机 |
| 焊缝金属溢出 | 1. 下坡量太长<br>2. 焊枪偏向轮辐太多<br>3. 焊速太慢 | 1. 减少下坡量<br>2. 调整焊枪位置<br>3. 提高焊接速度 |

## 三、日本松下 KR 系列 $CO_2$ 半自动气体保护焊机

KR 系列 $CO_2$ 半自动气体保护焊机是日本松下（株）生产的一种新型焊机。我国唐山松下产业机器有限公司也生产该系列的焊机，国内其他一些焊机制造商也有类似的产品。本系列焊机在国内具有较高的市场占有率，主要用于 $CO_2$ 气体保护半自动焊接，也能进行其他的 MAG/MIG 焊。该系列焊机有三种规格，即 YM-200KR1VTA、YM-350KR1VTA 和 YM-500KR1VTA。

**1. 焊机的特点和主要技术参数**

（1）焊机的特点

1）从焊接电源至送丝机构，只采用了一根控制电缆，既减轻了焊机电缆的重量，又减少了控制线断线的可能性，且移动较为方便。

2）控制电路采用了大量的模块和无触点开关，减少了电子元器件的数量，并将控制电路设计在一块控制板，因而大大提高了焊机工作的可靠性，且便于维修。

3）焊接电源的体积减小，重量减轻，且焊机的防尘性能有明显提高。

4）焊机的焊接电流、电压不仅可以独立调节，而且还可以进行简易一元化调节，方便用户使用。

（2）焊机的主要技术参数　KR 系列焊机的主要技术参数见表 5-11。

**表 5-11　KR 系列焊机的主要技术参数**

| 主要技术参数 | KR-200 型 | KR-350 型 | KR-500 型 |
|---|---|---|---|
| 额定输入电压、相数 | AC380V，三相 | | |
| 额定输入容量 | 7.6kV·A（6.5kW） | 18.1kV·A（16.2kW） | 31.9kV·A（28.1kW） |
| 空载电压 | 33V | 52V | 66V |
| 焊机输出电流范围 | 50～200A | 60～350A | 60～500A |
| 焊机输出电压范围 | 15～25V | 16～36V | 16～46V |
| 焊机的额定负载持续率 | 50% | | 60% |
| 一元化对应焊丝直径 | 低碳钢实心焊丝：$\phi$0.8mm、$\phi$1.0mm、$\phi$1.2mm<br>药芯焊丝：$\phi$1.2mm | | 低碳钢实心焊丝：$\phi$1.2mm、$\phi$1.4mm、$\phi$1.6mm<br>药芯焊丝：$\phi$1.2mm、$\phi$1.4mm、$\phi$1.6mm |
| 外形尺寸（宽×长×高） | 376mm×675mm×747mm | | 436mm×675mm×762mm |
| 质量 | 89kg | 117kg | 158kg |

**2. 焊机的常见故障及处理方法**

KR 系列 $CO_2$ 半自动气体保护焊机的常见故障及排除方法见表 5-12。

表5-12　KR系列 $CO_2$ 半自动气体保护焊机的常见故障及其排除方法

| 故障特征 | 产生原因 | 排除方法 |
| --- | --- | --- |
| 按焊枪开关，无空载电压，送丝机不转 | 1. 外电不正常<br>2. 焊枪开关断线或接触不良<br>3. 控制变压器有故障<br>4. 交流接触器未吸合 | 1. 在焊机的后面板输入端子处，用万用表测量三相输入电压，确认三相电压是否正常<br>2. 用万用表检查6芯控制电缆插头的3#和5#插孔，按下焊枪开关，观察其有无220Ω左右的电阻，若为∞，说明焊枪开关回路断路。此时可将焊枪开关插头从送丝机插座上拔下，按下焊枪开关，测量该插头的两根插针，电阻值应近似为零，若阻值很大或为∞，说明焊枪电缆内的控制线断或开关故障。若阻值近似为零，说明故障发生在6芯电缆，应继续查找故障<br>3. 用万用表检查控变输入、输出电压，确认是否正常，一次电压正常值为（380±10%）V，二次电压分别为200V和20V（2组），若输入电压正常，输出电压不正常，此时应断开控变的负载重测量，若还不正常说明控变有故障，应予以更换<br>4. 检查交流接触器线圈阻值，100Ω以下、500Ω以上为不正常，需要更换新障点，检查出故障原因后，重新接线 |
| 接通电源开关，电源指示灯不亮 | 1. 熔断器熔断<br>2. 指示灯损坏，接触不良<br>3. 外电不正常，开关接触不良 | 1. 更换<br>2. 修理、更换<br>3. 检查电源电压、开关及接头 |
| 按焊枪开关，交流接触器不动作 | 1. 焊枪开关损坏，其电路接头松动、断线<br>2. 熔断器熔断，开关接触不良<br>3. 接触器及控制线路有问题<br>4. 变压器输出、输入电压不正常<br>5. 控制电路有问题 | 1. 更换、修理<br>2. 更换、修理<br>3. 测电压，检查接触部位<br>4. 检查接头，测电压、电阻，判断是否断线或短路<br>5. 先查后换或先换后查，检查有关线路及元器件 |
| 焊接段时间后，异常指示灯亮 | 1. 热继电器故障<br>2. 超负载持续率使用<br>3. 冷却风扇不转 | 1. 用温度计测量平抗及晶闸管模块散热器的温度，正常时用万用表检查两个温度继电器，确认故障时是哪个温度继电器动作，正常时继电器两根引线间的电阻为0Ω。若不是此值说明温度继电器有故障，应更换<br>2. 在限定的负载持续率范围以内使用<br>3. 检查风扇及电容，有故障及时更换 |
| 焊接电流失调 | 1. 电流调节旋钮接触不良或损坏<br>2. 控制电缆断线，接头、插头接触不良<br>3. 送丝电动机或控制电路有问题<br>4. 控制电路有问题 | 1. 修复或更换<br>2. 检查接头及导线，使连接及接触良好<br>3. 观察运转、检测、修理<br>4. 先查后换或先换后查，检查有关线路及元器件 |

（续）

| 故障特征 | 产生原因 | 排除方法 |
| --- | --- | --- |
| 电流表显示的数值与实际电流不符 | 1. 焊机两输出端子接线螺栓松动<br>2. 输出地线与母材接触不好<br>3. 焊机内的电流互感器损坏 | 1. 紧固两输出端子接线螺栓<br>2. 使输出地线与母材接触可靠<br>3. 更换电流互感器 |
| 焊接电压失调 | 1. 电压调节旋钮接触不良或损坏<br>2. 控制电缆断线，接头、插头接触不良<br>3. 送丝电动机或控制电路有问题<br>4. 控制电路有问题 | 1. 修复或更换<br>2. 检查接头及导线，使连接及接触良好<br>3. 使电缆绝缘良好，接头、触头接触良好，更换坏的硅器件<br>4. 先查后换或先换后查，查有关线路及元器件 |
| 焊接电压太高 | 1. 丝径选择开关位置不对<br>2. 50Hz/60Hz 转换开关有问题<br>3. 电压电位器失调<br>4. 送丝轮打滑<br>5. 控制电路工作不正常 | 1. 调至相应位置<br>2. 修复或更换<br>3. 修复或更换<br>4. 观察、调整，磨损严重则更换<br>5. 先查后换或先换后查，检查有关线路及元器件 |
| 能送丝，并有空载电压，但不能引弧 | 1. 地线接触不良<br>2. 焊接电缆破损，接头松动<br>3. 主回路有问题<br>4. 工件有油污 | 1. 检查地线及接头，使其接触良好<br>2. 使绝缘良好，清锈固紧<br>3. 检查接头、触头、元器件，使其良好<br>4. 清除 |
| 无手动送丝，焊接时送丝正常 | 1. 手动送丝开关损坏<br>2. 线路板有问题 | 1. 更换手动送丝开关<br>2. 更换线路板 |
| 送丝不稳定 | 1. 导电嘴不合适<br>2. SUS 导套帽与送丝轮槽不同心<br>3. 焊枪电缆弯曲半径小于 300mm<br>4. 送丝软管淤塞<br>5. 送丝管用的不对<br>6. 焊丝排列杂乱有硬弯<br>7. 送丝轮磨损<br>8. 印制电路板或送丝电路有故障 | 1. 检查焊丝和导电嘴，确认导电嘴是否合适，若不合适应及时更换<br>2. 调整 SUS 导套帽使之与送丝轮槽同心<br>3. 将焊枪电缆拉直，使之弯曲半径大于 300mm<br>4. 用压缩空气清理送丝软管或更换送丝软管<br>5. 送丝软管与焊枪应配套使用<br>6. 剔除排列杂乱或有硬弯的焊丝<br>7. 更换送丝轮<br>8. 更换印制电路板或检查送丝电路 |
| 按手动送丝按钮，不送丝 | 1. 印制电路板上的熔断器熔断<br>2. 控制电缆断线或接头、插头接触不良<br>3. 电流调节旋钮调节过低<br>4. 手动按钮接触不良或断线<br>5. 控制电路工作不正常 | 1. 更换熔断器<br>2. 修复、拧紧插头，使接触良好<br>3. 调高送丝电动机转速<br>4. 修复或更换<br>5. 先查后换或先换后查，查有关线路及元器件 |

（续）

| 故障特征 | 产生原因 | 排除方法 |
|---|---|---|
| 无快速送丝 | 1. 电位器损坏，插头、接头接触不良，电缆有问题<br>2. 送丝电动机线路接触不良<br>3. 印制电路板有问题 | 1. 与手动送丝比较检查，修理或更换<br>2. 检查和维修<br>3. 先查后换或先换后查，检查有关线路及元器件 |
| 未按焊枪开关就连续送丝 | 1. 焊枪开关接线短路<br>2. 导线短路<br>3. 电缆插头座短路<br>4. 电路有问题 | 1. 不按焊枪开关，用万用表在焊枪开关插头处检查一线式电缆控制线及焊枪开关是否短路，若控制线短路，更换焊枪，若开关短路及时修理或更换开关<br>2. 在断电的情况下，不按焊枪开关，在6芯控制电缆插头处，用万用表检查6芯控制电缆的插孔3与插孔5、6之间以及插孔4与插孔5、6之间的绝缘电阻，前者阻值为无穷大，后者阻值应大于2.4kΩ<br>3. 排除或更换<br>4. 查接头、触头、元器件，使其良好 |
| 按焊枪开关，送丝慢，无空载电压 | 1. 电源主回路有问题<br>2. 印制电路板有问题 | 1. 使电缆绝缘良好，接头、触头接触良好，更换坏的硅元器件<br>2. 先查后换或先换后查，检查有关线路及元器件 |
| 按焊枪开关，无空载电压和慢送丝 | 1. 焊枪开关损坏，电缆断线，接头、插头接触不良<br>2. 印制电路板有问题 | 1. 更换、修理，使其接触良好<br>2. 先查后换或先换后查，检查有关线路及元器件 |
| 按焊枪开关，无慢送丝，有空载电压 | 1. 送丝电动机熔断器熔断<br>2. 控制变压器有故障<br>3. 印制电路板有问题 | 1. 更换熔断器<br>2. 检查接头，测电压、电阻，判断是否断线或短路<br>3. 重点检查送丝电动机及控制电路 |
| 气体加热器失灵 | 1. 流量计加热器电源线断或插头与插座接触不良<br>2. 加热芯电阻丝断<br>3. 温控装置失灵<br>4. 加热器保险断 | 1. 在断电情况下从焊机上拔下流量计插头，用万用表检查插头上的插孔1和3之间的电阻，正常情况阻值应在30～40Ω。若为无穷大，则说明加热回路有断线的地方，此时应打开流量计加热器护罩，进一步检查以下部位：电源线有无断线；加热芯有无断路，双金属片触点是否闭合接通<br>2. 更换加热芯<br>3. 更换温控装置<br>4. 查找引起保险断的故障点并排除，然后更换保险 |
| 焊枪喷嘴内无或只有少量气体流出 | 1. 气管漏气或被压住<br>2. 焊枪漏气或堵塞<br>3. 气流量偏小，流量计漏气或堵塞<br>4. 电磁气阀未开启或堵塞<br>5. 控制电路有故障 | 1. 检查、修复<br>2. 修复<br>3. 调节、修复或更换<br>4. 检查开、断，如堵塞用风吹一吹<br>5. 先查后换或先换后查，检查有关线路及元器件 |

（续）

| 故障特征 | 产生原因 | 排除方法 |
| --- | --- | --- |
| 焊缝产生大量气孔 | 1. $CO_2$ 气体纯度不够<br>2. 气体流量不足<br>3. 焊丝伸出导电嘴过长<br>4. 焊道有油污<br>5. 空气对流过大<br>6. 喷嘴变形<br>7. $CO_2$ 气路受阻或漏气<br>8. 气阀不动作 | 1. 使用纯度高的 $CO_2$ 气体，倒置法“放水”<br>2. 调整流量<br>3. 焊丝干伸长控制在 10 倍的焊丝直径<br>4. 清除焊道油污及铁锈<br>5. 在工作场地采取防风措施<br>6. 更换喷嘴<br>7. 检查气路，疏通或堵漏<br>8. 检查气阀线圈的阻值和供电电压，线圈阻值为 100Ω 左右，电压为 24V |
| 电弧燃烧不稳定 | 1. 导电嘴孔径不对，磨损或松动<br>2. 焊枪有问题，如弯管、焊枪本体松动、手把开关接触不良<br>3. 焊枪电缆弯曲严重，内部送丝管不合适，折弯或太脏<br>4. SUS 管安装不合适，送丝轮压力不合适<br>5. 焊接参数未调好<br>6. 母材表面有油污<br>7. 焊接回路接头接触不良<br>8. 主电路接头、触头接触不良<br>9. 焊接电压失调<br>10. 焊接电流失调 | 查找时，先简单后复杂，分辨是电压还是电流（即送丝）不稳所引起。<br>1. 导电嘴、焊枪及其软管、焊丝、送丝轮压力、焊接参数等，如有问题，则修理、调整或更换<br>2. 检查输出、输入电缆，地线及其接头<br>3. 观察空载电压变化及送丝电动机转动是否平稳，分辨是电压还是送丝方面的问题，按照相应方法进行检修 |
| 空载电压低 | 1. 供电电源不正常（缺相等）<br>2. 焊接回路、主电路接触器、晶闸管及接头有问题<br>3. 印制电路板工作不正常 | 1. 在焊机后面板输入电源接线端子台处测量三相输入电压<br>2. 使电缆绝缘良好，接头、触头接触良好，更换坏的硅元器件<br>3. 先查后换或先换后查，查有关线路及元器件 |
| 焊接时飞溅大 | 1. 焊接参数选择不当<br>2. 焊丝质量不好<br>3. 焊丝直径选择开关位置不对<br>4. 焊接过程中电网电压波动过大<br>5. 焊件及焊丝有油污或锈<br>6. 晶闸管有故障<br>7. 气体有问题<br>8. 焊丝干伸长度过长<br>9. 导电嘴、送丝轮或焊丝直径配合不一致 | 1. 重新调整焊接参数<br>2. 更换、选购质量好的焊丝<br>3. 重新确认焊丝直径选择开关<br>4. 焊接过程中电网电压波动不应超过标准供电电压的 ±10%<br>5. 清除焊件或焊丝的油污或锈<br>6. 检查 SCR 模块<br>7. 使用高纯度的 $CO_2$ 气体或混合气体<br>8. 将焊丝干伸长度控制在 10 倍焊丝直径范围内<br>9. 导电嘴、送丝轮、焊丝配合一致 |

（续）

| 故障特征 | 产生原因 | 排除方法 |
|---|---|---|
| “有”收弧工作状态时，有断弧现象 | 1. 送丝阻力大，压力不合适，送丝不稳<br>2. 导电嘴磨损，孔径过大<br>3. 焊枪与工件距离过大<br>4. 收弧有/无选择接触不良<br>5. 输入、输出线路接触不良<br>6. 印制电路板有故障 | 1. 减少阻力，清洗送丝软管或更换，调好压力<br>2. 更换导电嘴<br>3. 保持适当距离<br>4. 修复或更换<br>5. 使接头、触头接触良好<br>6. 先查后换或先换后查，检查有关线路及元器件 |
| 焊丝与母材粘连 | 1. 焊丝伸出过长<br>2. 电缆截面积不够<br>3. 操作及焊接参数有问题<br>4. 焊接电流过小 | 1. 保持合适的焊丝伸出长度<br>2. 使用相应截面积的电缆<br>3. 检查面板开关、焊接参数、焊枪角度是否有误<br>4. 检查输出电流过小的原因 |

## 四、国产 NB—216IGBT 逆变式 $CO_2$/MAG 气体保护焊机

该系列焊机主要用于汽车、摩托车、钢家具、文件柜、防盗门、防护栏等几乎所有厚度在0.8~4mm的低碳钢构件的全位置焊接；适用于直径 $\Phi$0.8mm 的实心焊丝。

**1. 焊机的特点和主要技术参数**

（1）焊机的特点

1）采用高电压引弧，引弧平稳，成功率高。

2）采用独特的电弧电和电流反馈控制电路，使焊接过程稳定、飞溅率低、干伸长变化适应性强、电流和电压匹配调节范围宽，焊缝成形好。

3）采用性能优良的削小球电路，使焊接结束后焊丝端部的小球直径与使用焊丝直径基本一致，引弧成功率高。

4）采用PWM逆变技术，频率高，焊机动态响应速度快。

5）具有过热保护功能。

（2）焊机的技术参数　NB—216IGBT 逆变式 $CO_2$/MAG 气体保护焊机的主要技术参数见表5-13。

**表5-13　NB-216IGBT 逆变式 $CO_2$/MAG 气体保护焊机的主要技术参数**

| | |
|---|---|
| 额定输入电压 | AC 1~220V，50/60Hz |
| 额定输入容量 | 5.8kV·A |
| 额定负载持续率 | 35% |
| 额定输出范围 | 50A/16.5V~160A/22V |
| 空载输出电压 | DC 54V |
| 焊接气体流量范围 | 8~15 L/min |
| 防护等级 | IP21S |
| 绝缘等级 | F级 |
| 外形尺寸（长×宽×高） | 630mm×340mm×420 mm |
| 质量 | 26kg |

NB—216IGBT 焊机外特性为平外特性，其额定负载持续率为 35%，是指在 10min 工作周期内，焊机在额定焊接电流状态下工作 3min 30s，休息 6min 30s。当焊机超过额定负载持续率使用时，焊机内部温度上升将超过设定温度，为了避免焊机性能恶化、甚至烧毁焊机，本系列焊机设置有热保护功能，当焊机内部温度上升超过设定温度时，热保护动作，焊机面板上异常指示灯亮，此时焊机无输出，必须等焊机内部温度下降到低于设定温度时，焊机面板上异常指示灯熄灭，焊机才恢复正常，方可继续焊接。

**2. 焊机的操作**

1）开启电源开关。按下焊枪上的起动按钮，旋开气瓶开关，慢慢旋开并调节气体流量计的流量调节旋钮开关，使流量计上的指示值为焊接需要值，然后松开焊枪上的起动按钮。

2）焊丝的安装如图 5-14 所示。

① 将焊机左侧板向上打开，立于顶盖上面。

② 调整焊丝盘轴的焊丝盘挡片，要求挡片伸出方向与焊丝盘轴的轴线方向一致，将焊丝盘装在焊丝盘轴上，焊丝出口在下，沿送丝机方向出丝。调整焊丝盘轴挡片，伸出方向与焊丝盘轴的轴线方向垂直，并卡紧，防止使用时焊丝盘滑出。

③ 确认送丝轮靠里边的送丝槽径与焊丝的直径（0.8mm）一致，否则须将送丝轮卸下，选取与焊丝直径一致的送丝轮槽径，并将这个槽靠里面安装好；

④ 松开送丝机压紧手柄，抬起压丝轮，将焊丝盘的焊丝端头引出，将弯曲变形段剪掉，焊丝端头由导丝管穿入，经过送丝轮槽进入导向嘴，再由导向嘴进入焊枪接头内，压下压丝轮，扳上压紧手柄压住压丝轮，并旋转压紧手柄调整压紧力至适度。

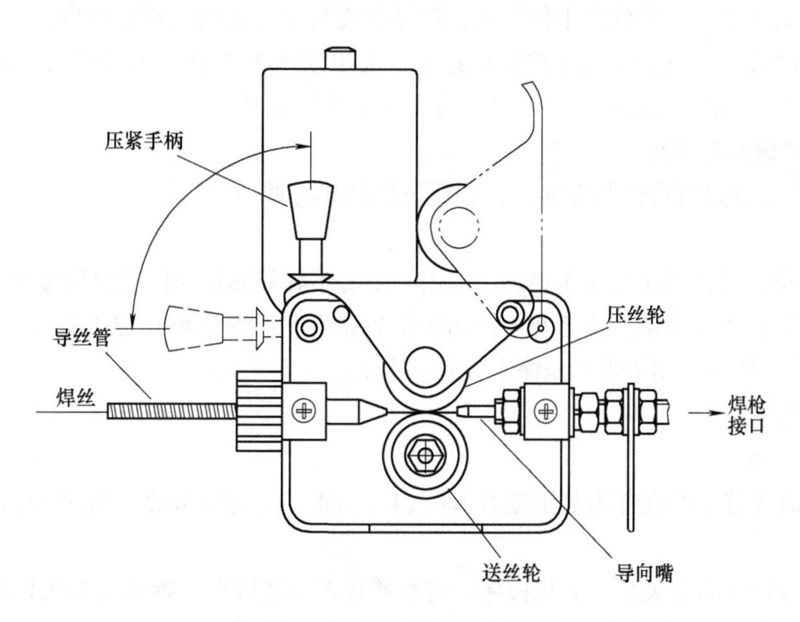


图 5-14　焊丝的安装示意图

3）检查焊枪所装导电嘴孔径，应与所用焊丝直径一致。

4）开启电源开关，按下焊枪上的起动按钮，并调节前面板上“A”调节旋钮使送丝速度合适，直至焊枪枪头处露出15～20mm焊丝时松开。

5）按照所需焊接电流调节前面板上的“A”旋钮。

6）确定焊接电流后，根据经验公式 $U(\text{V}) = 14 + 0.05I(\text{A})$，得出焊接电压值，调节前面板上的“V”调节旋钮，使其对准所需的焊接电压刻度值。

7）以上各项调节设置完毕后，佩戴好焊接安全防护用具，即可进行正常的焊接工作。

8）焊接过程中，修正调节前面板上的焊接电流“A”、焊接电压“V”旋钮的位置，使焊接参数达到最佳匹配状态。

**3. 操作注意事项**

1）焊接过程中要尽量保证焊枪电缆弯曲半径不能太小，避免焊枪电缆严重扭曲、打圈，电缆弯曲严重时会影响正常送丝。

2）不能在送丝轮和压丝轮上涂机油等润滑油或润滑脂。

3）焊枪的导电嘴为消耗品，使用一定的时间后导电嘴孔容易拉大、磨损，若继续使用焊接电流会不稳，要及时更换；要使用与焊丝直径相同的导电嘴。

4）焊枪的喷嘴为消耗品，要定期更换。使用过程中清除喷嘴上的飞溅物时，须取下喷嘴，轻轻撬掉，不要用敲打的方式清除，以免使喷嘴变形，缩短使用寿命。焊接过程中使用防飞溅膏（剂），去除飞溅物就会很容易，可大大延长喷嘴的使用寿命。

5）由于焊枪长期使用，各种粉尘会随焊丝进入焊枪的送丝软管内，造成送丝阻力变大不能正常焊接，需定期取出送丝软管用煤油清洗或用干燥的压缩空气吹管芯，吹的时候要先抖动送丝软管使粉尘松动。

6）焊接时注意控制焊丝的干伸长度，即导电嘴与工件之间的焊丝长度。一般干伸长度应为10倍焊丝直径左右；焊丝干伸长度过长，会出现电流不稳，飞溅增大，保护效果差，出现气孔；焊丝干伸长度过短，飞溅很容易堵塞焊丝和喷嘴。

**4. 焊机的保养与维修**

（1）注意事项进行维修与保养时，必须切断供电电源。

（2）保养

1）定期检查焊机的接头是否松动，或由于安装不好等其他原因造成的接触不良。

2）保持焊机内部清洁。由于灰尘或污物积累在机器内部会缩短焊机寿命，所以至少每半年打开顶盖、侧板，用干燥的压缩空气吹一次灰。

（3）故障检修

1）基本检查。

① 出现故障首先检查电源电压应为220（1±15%）V，电压不能大幅波动超出供电电压要求范围。

② 配电盘内电源开关是否老化损坏，熔断器是否安装可靠、焊机电源线是否安装可靠，否则容易造成缺相或接触不良，使焊机工作不正常。

③ 焊接电缆连接是否可靠，接工件处是否接触良好。

④ 焊枪开关及其接线是否损坏或断路，焊枪喷嘴、导电嘴、导电嘴座、分流器是否烧

损或损坏。

2）焊机常见故障及排除。NB—216IGBT 逆变式 $CO_2$/MAG 气体保护焊机的常见故障及排除方法见表 5-14。

**表 5-14　NB—216IGBT 逆变式 $CO_2$/MAG 气体保护焊机的常见故障及排除方法**

| 故障现象 | 故障原因 | 排除方法 |
| --- | --- | --- |
| 打开电源，电源指示灯不亮 | 1. 供电电源开关未闭合或损坏<br>2. 电源输入线连接不可靠 | 1. 检查供电电源开关，并确认供电电压正常<br>2. 检查连接点，确保可靠 |
| 焊接电流、电压调节旋钮失去控制 | 1. 焊机前面板焊接电流、电压调节旋钮松动或电位器损坏<br>2. 焊机内接插件松动 | 1. 将松动旋钮固定或更换电位器<br>2. 打开焊机顶盖，检查机内接插件 |
| 焊机不工作，过热指示灯亮 | 1. 使用环境温度太高或过载使用<br>2. 焊接时冷却风扇转动很慢或不转动造成散热不好<br>3. 温度继电器损坏 | 1. 不关闭电源，让焊机休息冷却一会儿即可重新正常焊接<br>2. 更换冷却风扇<br>3. 更换温度继电器 |
| 气体加热器结霜 | 1. 加热器插座接触不良<br>2. 加热器的加热电阻丝断路 | 1. 检查加热器插座插头<br>2. 维修或更换加热器 |
| 按下焊枪开关，送丝轮不转动或无焊接电流 | 1. 焊枪开关控制线断路<br>2. 送丝电动机损坏<br>3. 主控制板损坏 | 1. 检查焊枪开关控制线<br>2. 检查维修电动机或更换<br>3. 维修或更换主控制板 |
| 按下焊枪开关，送丝轮转动，但焊枪无焊丝送出或送丝不稳定 | 1. 送丝机压丝轮未压紧<br>2. 送丝轮槽与焊丝直径不符<br>3. 导电嘴因飞溅而堵塞<br>4. 送丝轮槽磨损<br>5. 焊枪中送丝软管堵塞<br>6. 焊枪电缆弯曲半径过小 | 1. 压紧压丝轮<br>2. 更换送丝轮槽<br>3. 清除导电嘴飞溅<br>4. 更换送丝轮<br>5. 用干燥的压缩空气清除焊枪中送丝软管的堵塞物及粉尘，或更换同规格送丝软管<br>6. 使焊枪电缆弯曲半径大于 300mm |
| 焊缝产生大量气孔 | 1. $CO_2$ 气体不纯<br>2. 气体流量不足<br>3. 焊缝有油污及铁锈<br>4. 焊接场所风大<br>5. $CO_2$ 气路受阻或漏气<br>6. 气阀不动作<br>7. 焊枪喷嘴变形 | 1. 使用纯度高的 $CO_2$ 气体<br>2. 调整气体流量<br>3. 清除焊缝油污及铁锈<br>4. 焊接场所采取防风措施<br>5. 检查气路，疏通或堵漏<br>6. 检查气阀线圈的电压 DC 24V<br>7. 更换焊枪喷嘴 |

（续）

| 故障现象 | 故障原因 | 排除方法 |
| --- | --- | --- |
| 焊接时飞溅大，电流不稳 | 1. 电源供电异常<br>2. 焊接参数不正确<br>3. 焊丝质量不好<br>4. 焊件及焊丝有油污或锈<br>5. 焊接过程中电网电压波动大<br>6. 焊丝干伸长度过长<br>7. 送丝轮槽与焊丝直径不符<br>8. 保护气体有问题<br>9. 导电嘴型号不对或孔径严重拉大<br>10. 送丝软管污物太多送丝阻力大<br>11. 焊接接地电缆松动 | 1. 检查供电电源<br>2. 重新调整焊接参数<br>3. 更换焊丝<br>4. 清除焊件及焊丝油污或锈<br>5. 焊接过程中电网电压波动不能超过供电电压的±15%<br>6. 焊丝干伸长度应为10倍焊丝直径左右<br>7. 更换送丝轮槽<br>8. 使用纯度高的气体<br>9. 更换导电嘴<br>10. 清洗送丝软管<br>11. 加固焊接接地电缆，保证接触良好 |

## 课后练习

1. $CO_2$ 气体保护焊具有哪些特点？

2. $CO_2$ 焊设备是如何进行分类的？半自动 $CO_2$ 焊设备由哪些部分组成？自动 $CO_2$ 焊设备又是由哪些部分组成？

3. 半自动 $CO_2$ 焊用推丝式焊枪和拉丝式焊枪各有何特点？

4. 为了保证操作安全，避免发生重大人身安全事故，操作 $CO_2$ 气体保护焊设备务必遵守哪些事项？

5. 为何 $CO_2$ 焊丝中硅和锰的含量不宜过高？

6. $CO_2$ 焊机应禁止在哪些场合安置？

7. $CO_2$ 气体保护焊机定期的维护和保养可分为哪两种形式？各保养哪些内容？

8. 国产 NB—350 型晶闸管控制半自动 $CO_2$ 焊机如何进行安装？

9. 日本松下 KR 系列 $CO_2$ 半自动气体保护焊机有哪些特点？

10. 国产 NB—216IGBT 逆变式 $CO_2$/MAG 气体保护焊机有哪些特点？

# 第六章 其他常用焊接及切割设备

## 第一节　埋弧焊设备

埋弧焊，也称焊剂层下自动电弧焊，是一种生产效率以及自动化和机械化程度均较高的焊接方法，广泛应用于锅炉、压力容器、冶金设备、石油机械、船舶、车辆和桥梁等制造行业。当前，随着技术的发展，对埋弧焊设备的要求越来越高。世界上许多焊接设备专业生产企业，已相继推出了高技术水平的数字控制的埋弧焊设备。相比较而言，国内埋弧焊设备的技术发展较为缓慢，在控制技术方面仍然以分离元器件模拟控制为主，其可靠性、稳定性和适应性等尚存在一些问题。许多要求较高的生产应用场合，往往依赖于进口的埋弧焊设备。因此，大力发展该技术水平的数字控制埋弧焊机，解决模拟控制焊机存在的诸多问题，是提高我国埋弧焊水平的重要途径。

本节主要介绍我国常用埋弧焊设备的操作规程及焊机的操作、维护与保养等知识。

### 一、埋弧焊设备的操作规程

**1. 准备**

1）操作人员必须经过培训取得合格证后，持证上岗。

2）操作人员应仔细阅读焊机使用说明书，了解机械构造、工作原理，熟知操作和保养规程，并严格按规定的程序操作。非本机操作人员严禁操作。

3）作业前应做好准备工作，按规定进行日常检查。检查应在断电状态下进行。

**2. 焊接**

1）自动焊接前，检查电网电压是否正常，各电缆连接是否牢固、无破损。各控制台、操作台上的旋、按钮动作是否有效、灵活，应接地部分须可靠地接地。

2）焊接前，工件应干燥，无水迹及潮气，焊丝须在盘丝除锈机上盘成焊丝盘要求的尺寸和质量（一般12kg/盘），同时要将有锈迹的地方除锈。焊剂要在烘干箱中干燥后，再加到料斗中（一般12L/料斗）。要求在移动轨道面上清除污垢后再加注润滑油。各传动件，如齿轮箱、轴承座等也应加注润滑油或油脂，保证各部分运转良好，无卡滞及大的噪声。

3）焊接过程中，要经常注意焊丝盘内焊丝的数量，焊剂料斗要及时添加焊剂，以避免整条焊缝未焊完而中断焊接、弧光未被埋住影响焊接质量或伤人。一旦出现焊接中断，需紧急停车后，更换焊丝盘，添加足量焊剂，同时要对断弧处焊缝用手砂轮机打磨后再焊接才不至于影响焊缝质量。

4）焊接电源和机头部分不能受雨水和腐蚀性气体的侵袭腐蚀，以免电器、元器件受潮或腐烂，引起变质或损坏，从而影响机器运行和缩短寿命。

5）设备出现故障时，要派专人负责维修，严格按照每台设备说明书中要求步骤来排除故障，切不可私自改线。不要私拆或更换。

6）施工过程中应注意各种仪表数值的变化，如有变化应停机检修。

7）每天对埋弧焊机外观及能力进行检测一次。

8）焊机和电缆接头处的螺钉必须拧紧。否则将引起接触不良，不但造成电能损耗，还会导致电缆或螺杆过热，甚至将使接线板烧毁。

9）焊机内部电流刻度处应经常打扫，清除灰尘杂物，以保证转动灵活。

10）焊机应放在清洁、干燥、通风的地方，防止受潮。

11）焊接结束后，必须切断电源，仔细检查工作场所周围的防护措施，确认无起火危险后方可离去。

**3. 停止**

1）断开焊接电源开关，清理工作现场，检查并扑灭现场火星，把工具放在规定的地方。

2）按维护规程做好焊机的保养工作。

3）填写好“交接班记录”。

## 二、常用埋弧焊机的操作、维护与保养

埋弧焊机是较复杂、较贵重的焊接设备，日常维护和保养十分重要。

下面将以国产MZ—1000型和MZ1—1000型埋弧焊机为例，介绍埋弧焊机的结构组成、操作维护以及故障排除等内容。

**1. MZ—1000型埋弧焊机**

（1）焊机的性能　MZ—1000型埋弧焊机是利用电弧电压自动调节系统原理工作的均匀调节式焊机。这种焊机在焊接过程中靠改变送丝速度来进行自动调节，它可以在水平位置或水平面倾斜角度不大于15°的位置焊接各种坡口的对接焊缝、搭接焊缝和角接焊缝等，并可借助于焊接滚轮架焊接圆形焊件的内外环缝。

（2）焊机的结构组成　MZ—1000型埋弧焊机由MZT—1000型焊接小车、MZP—1000型控制箱和焊接电源三部分组成。

1）MZT—1000型焊接小车。由机头、控制盘、焊丝盘、焊剂斗和焊接小车等部分组成，如图6-1所示。

① 机头。机头主要是焊丝的送进机构，它由送丝电动机及传动系统、导电嘴、送丝滚轮和矫直滚轮等组成。它可靠地送进焊丝并具有较宽的调速范围，以保证电弧稳定燃烧。

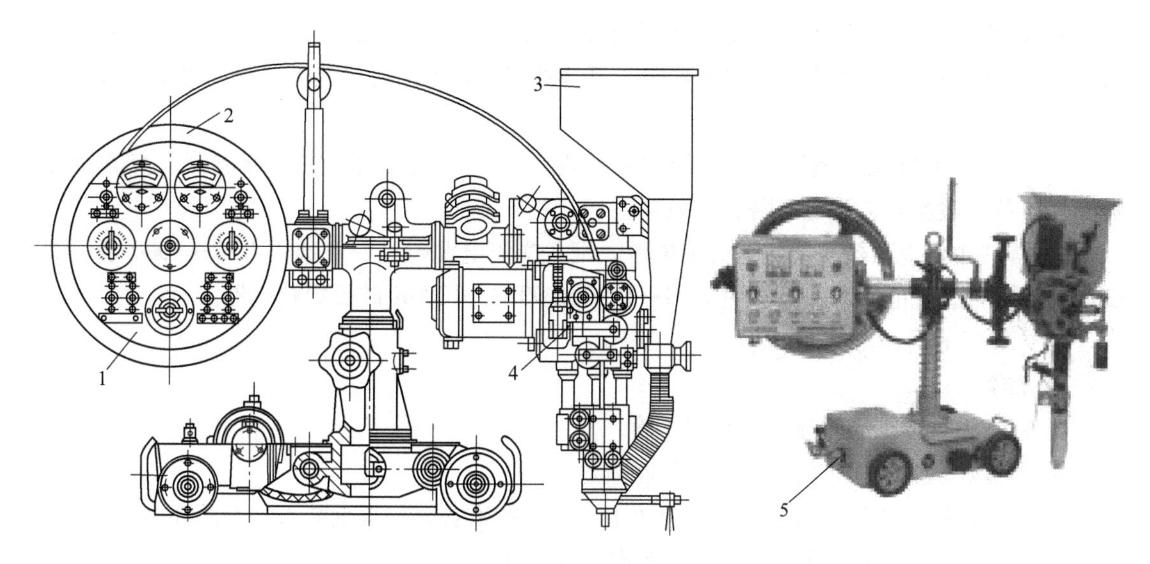


图 6-1　MZ—1000 型焊接小车

1—控制盘　2—焊丝盘　3—焊剂漏斗　4—机头　5—焊接小车

导电嘴的高低、左右位置及偏转角度都可以调节，以保证焊丝有合适的伸长长度，并能方便地调节焊丝的对中位置。导电嘴应具有良好的导电性、耐磨性，一般由耐磨铜合金制成。常见的导电嘴的形式有滚动式、夹瓦式和管式三种。

② 控制盘。控制盘上装有焊接电流表和焊接电压表等，如图 6-2 所示。

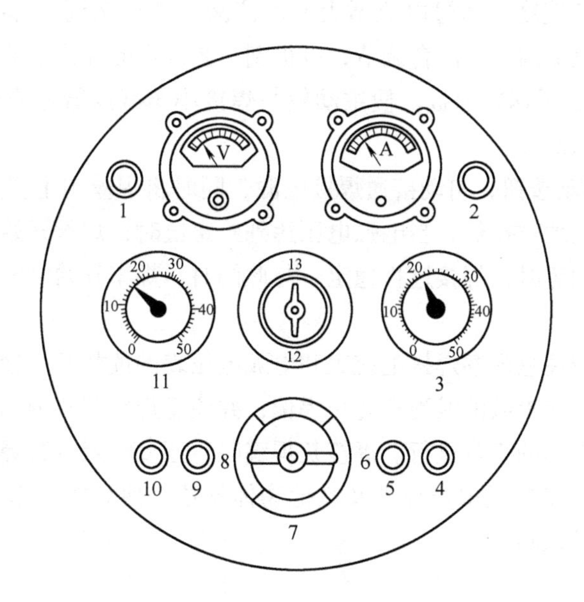


图 6-2　控制盘

1—起动　2—停止　3—焊接速度调整器　4—电流减小　5—电流增大　6—小车向后　7—小车停止

8—小车向前　9—焊丝向下　10—焊丝向上　11—电弧电压调整器　12—焊接　13—空载

③ 焊接小车。由行走电动机及传动系统、行走轮及离合器等组成。行走轮一般采用橡胶绝缘轮，以防止焊接电流经车轮而短路。离合器接合时由电动机拖动，脱离时小车可用手推动。

2）MZP—1000 型控制箱。控制箱内装有电动机、发电机组、中间继电器、交流接触器、变压器、整流器、镇定电阻和开关等。

3）焊接电源。可配备交流或直流电源。配备交流电源时，一般选用 BX2—1000 型弧焊变压器；配备直流电源时，可选用 ZXG—1000 或 ZDG—1000R 硅弧焊整流器。

（3）焊机的操作

1）准备。

① 首先检查焊机的外部接线是否正确。

② 调整好轨道位置，将焊接小车放在轨道上。

③ 将装好焊丝的焊丝盘卡到固定位置上，然后把准备好的焊剂装入焊剂漏斗内。

④ 合上焊接电源的刀开关和控制线路的电源开关。

⑤ 调整焊丝位置，并按动控制盘上的焊丝向下或焊丝向上按钮，使焊丝对准待焊处中心，并与待焊面轻轻接触。

⑥ 调整导电嘴到焊件间的距离，使焊丝的伸出长度适中。

⑦ 将开关转到焊接的位置。

⑧ 按照焊接方向，将焊接小车的换向开关转到向前或向后的位置。

⑨ 调节焊接参数，使之达到预先选定值。通过电弧电压调整器调节电弧电压；通过焊接速度调整器调节焊接速度；通过电流增大或电流减小按钮来调节焊接电流。在焊接过程中，电弧电压和焊接电流两者需配合调节，以得到工艺规定的焊接参数。

⑩ 将小车的离合器手柄向上扳，使主动轮与焊接小车减速器相连接。开启焊剂漏斗阀门，使焊剂堆放在引弧部位。

2）焊接。按下起动按钮，自动接通焊接电源，同时将焊丝向上提起，随即焊丝与焊件之间产生电弧，并不断地被拉长，当电弧电压达到给定值时，焊丝开始向下送进。当焊丝送进速度与其熔化速度相等时，焊接过程稳定。与此同时，焊车开始沿轨道移动，焊接过程正常进行。

在焊接过程中，应注意观察焊接电流表和电弧电压表的读数及焊接小车行走的路线，随时进行调整，以保证焊接参数的匹配和防止焊偏，并注意焊剂漏斗内的焊剂量，必要时予以添加，以免影响焊接工作的正常进行。焊接长焊缝时，还要注意观察焊接小车的焊接电源电缆和控制线，防止在焊接过程中被焊件及其他物体挂住，使焊接小车不能按正确的方向前进，引起烧穿、焊瘤等缺陷。

3）停止。

① 关闭焊剂漏斗的阀门。

② 分两步按下停止按钮：第一步先按下一半，这时手不要松开，使焊丝停止送进，此时电弧仍继续燃烧，电弧慢慢拉长，弧坑逐渐填满。待弧坑填满后，再将停止按钮按到底，此时焊接小车将自动停止并切断焊接电源。这步操作要特别注意：按下停止开关一半的时间

若太短，焊丝易粘在熔池中或填不满弧坑；时间太长容易烧导电嘴，需反复练习积累经验才能掌握。

③ 扳下焊接小车离合器手柄，用手将焊接小车沿轨道推至适当位置。

④ 回收焊剂，清除渣壳，检查焊缝外观。

⑤ 焊件焊完后，必须切断一切电源，将现场清理干净，整理好设备，并确定没有起火危险后，才能离开现场。

**2. MZ1—1000 型埋弧焊机**

（1）焊机的性能　MZ1—1000 型埋弧焊机是根据电弧自身调节系统原理工作的等速送丝式焊机，其控制系统简单，可用交流或直流焊接电源，焊接各种坡口的对接焊缝、搭接焊缝和平角焊缝，以及容器的内外环缝和纵缝。

（2）焊机的结构组成　焊机由焊接小车、控制箱和焊接电源三部分组成。

1）焊接小车。这种小车主要是由三相交流电动机、焊丝给送机构、小车行走机构、导电器、导电器位置调整装置、焊剂斗、焊丝盘、主操纵板、辅助操纵板、电压表、电流表、焊丝矫直装置、前轮架及附件等部分组成。

2）控制箱。控制箱中装有中间继电器、接触器、降压变压器及电流互感器或分流器等。箱壁上装有控制电路的三相转换开关和接线板等。

3）焊接电源。可配备 BX2—1000 型弧焊变压器或具有缓降特性的弧焊整流器作为电源。

（3）焊机的操作

1）准备。

① 首先检查焊机外部接线是否正确。

② 将焊车放在焊件的焊接位置上。

③ 将装好焊丝的焊丝盘装到固定位置上，再把准备好的焊剂装入焊剂漏斗内。

④ 闭合焊接电源的刀开关和控制线路的电源开关。

⑤ 调整焊接参数，使之达到预先选定值。

这种焊机焊接参数的调整是比较困难的。可通过改变焊车机构的交换齿轮来调节焊接速度；利用送丝机构的交换齿轮来调节送丝速度和焊接电流；通过调节电源外特性调节电弧电压，但焊接电流和电弧电压是相互制约的。当电源外特性调好后，改变送丝速度，会同时影响焊接电流和电弧电压，若送丝速度增加，电弧变短，电弧静特性曲线下移，焊接电流随之增加，电弧电压稍下降；若送丝速度减小，电弧变长，电弧静特性曲线上移，焊接电流减小。电弧电压稍增加。这个结果与保证焊缝成形良好，要求焊接电流增加时电弧电压相应地增加，焊接电流减小时电弧电压相应地减小相矛盾，因此为保证焊接电流与电弧电压相互匹配，要求同时改变送丝速度和电源外特性，但在生产过程中不能变换送丝齿轮，只能靠改变电源的外特性，在较小的范围内调整电弧电压，因此焊接焊件前必须通过试验预先确定好焊接参数才能开始焊接。

⑥ 打开焊接小车的离合器，将焊接小车推至焊件起焊处，调节焊丝对准焊缝中心。

⑦ 通过操作按钮（先按向下—停止再按向上—停止），使焊丝轻轻接触焊件表面。

⑧ 扳上焊接小车的离合器，并打开焊剂漏斗阀门堆放焊剂。

2）焊接。按下起动按钮，接通焊接电源回路，电动机反转，焊丝上抽，电弧引燃。待电弧引燃后，再放开起动按钮，电动机变反转为正转，将焊丝送往电弧空间，焊接小车前进，焊接过程正常进行。

在焊接过程中，应注意观察小车的行走路线，随时进行调整保证对中，并要注意焊剂漏斗内的焊剂量，必要时添加，以免影响焊接工作正常进行。

3）停止。

① 关闭焊剂漏斗的阀门。

② 先按下按钮（向下—停止），电动机停止转动，小车停止行走，焊丝也停止送丝，电弧拉长，此时弧坑被逐渐填满。待弧坑填满后，再按下按钮（向上—停止），焊接电源切断，焊接过程便完全停止。然后放开按钮（先按向下—停止再按向上—停止），焊接过程结束。应当注意：停止按钮按下时切勿颠倒顺序，也不要只按“向上—停止”按钮，否则同样会发生弧坑不满和焊丝末端与焊件粘住的现象。若按两个按钮的间隔时间太长则会烧坏导电嘴。

③ 扳下小车离合器的手柄，用手将焊接小车推至适当位置。

④ 回收焊剂，清除渣壳，检查焊缝外观。

⑤ 焊接完毕必须切断电源，将现场清理干净，确定无起火危险后，才能离开现场。

**3. 埋弧焊的辅助设备**

（1）焊剂垫　利用一定厚度的焊剂作为焊缝背面的衬托装置，称为焊剂垫。焊剂垫可保证焊缝背面成形，并能防止焊件烧穿。

1）橡皮膜式焊剂垫。橡皮膜式焊剂垫的构造如图 6-3 所示。工作时在气室 5 内通入压缩空气，橡皮膜 3 即向上凸起，因此焊剂被顶起紧贴焊件的背面起衬托作用，这种焊剂垫常用于纵缝的焊接。

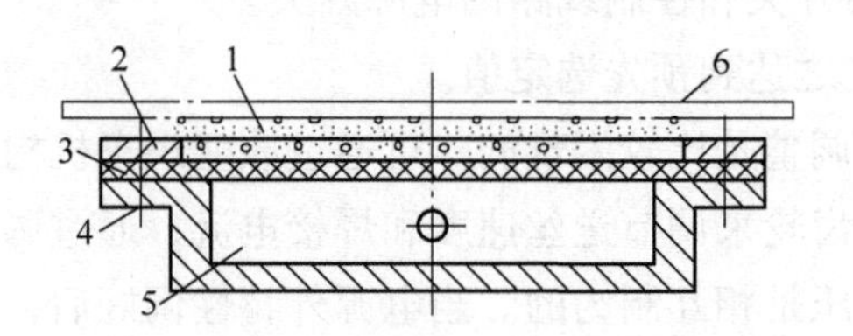


图 6-3　橡皮膜式焊剂垫

1—焊剂　2—盖板　3—橡皮膜　4—螺栓　5—气室　6—焊件

2）软管式焊剂垫。软管式焊剂垫的构造如图 6-4 所示。压缩空气将充气软管 3 膨胀，使焊剂 1 紧贴焊件。整个装置由气缸 4 的活塞撑托在焊件下面，这种焊剂适用于长纵缝的焊接。

3）圆盘式焊剂垫。圆盘式焊剂垫的构造如图 6-5 所示。装满焊剂 2 的圆盘在气缸 4 的作用下紧贴焊件背后，依靠滚动轴承 3 并由焊件带动回转，适用于环焊缝焊接。

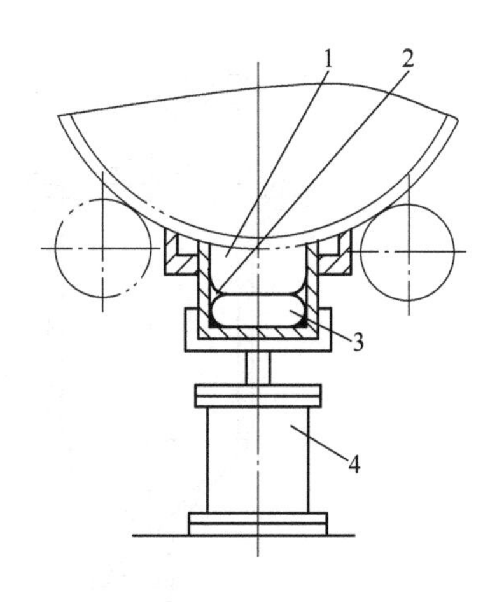


图 6-4　软管式焊剂垫

1—焊剂　2—帆布　3—充气软管　4—气缸

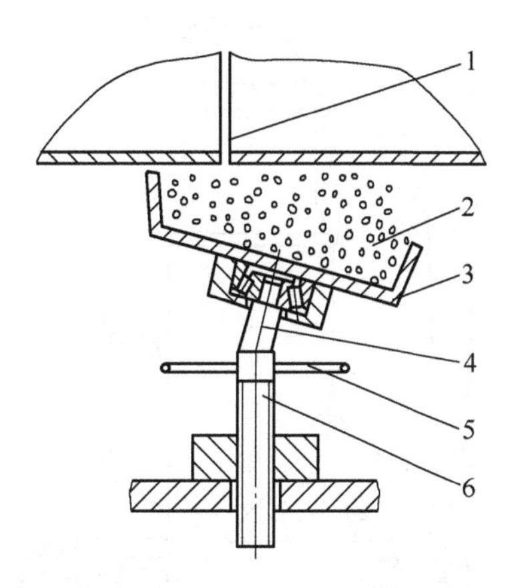


图 6-5　圆盘式焊剂垫

1—筒体环缝　2—焊剂　3—滚动轴承　4—气缸　5—手把　6—丝杠

（2）焊剂输送和回收装置　埋弧焊时，撒落在焊缝及其周围的焊剂很多。焊后这些焊剂与渣壳往往混合在一起，需要经过回收、过筛等多道工序才能重复使用。焊剂输送和回收装置是一套自动化设备，可以在焊接过程中同时输送焊剂并回收焊剂，因而减轻了辅助工作的劳动强度，提高了工作效率。

1）焊剂循环系统。焊剂循环系统是指焊剂从输送到回收的整个过程，分为固定式和移动式两种。

① 固定式循环系统。整个焊剂输送和回收装置固定在焊件的四周，如图 6-6 所示，焊剂由焊剂漏斗 1 输送到焊接区，焊缝上的渣壳经清渣刀 6 清除后和焊剂一起掉落在筛网 5 上，渣壳经渣出口 4 被清除，焊剂经筛网 5 落入焊剂槽 3 中，用斗式提升机 2 提升至上面漏斗口处，准备再次使用。这种系统只适用于产品较小、产量大或焊机不需移动的情况。

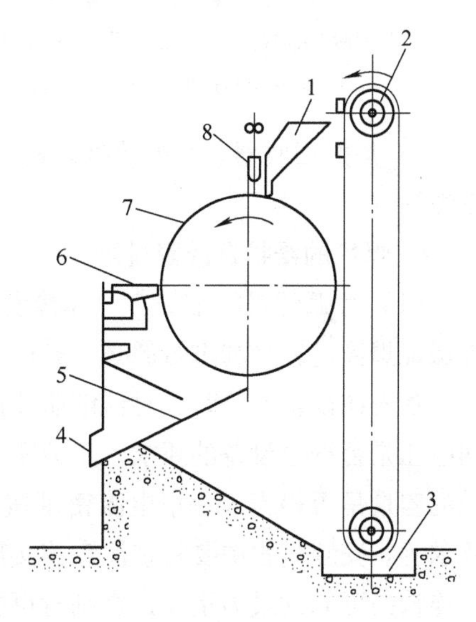


图 6-6　固定式循环系统

1—焊剂漏斗　2—斗式提升机　3—焊剂槽　4—渣出口　5—筛网　6—清渣刀　7—焊件　8—焊丝

② 移动式循环系统。焊剂输送及回收装置装在自动焊机机头上，与焊接小车同时移动，在距电弧 300mm 处，回收焊剂，如图 6-7 所示。

2）焊剂输送器。焊剂输送器是输送焊剂的装置，如图 6-8 所示。当压缩空气经进气管及减压阀，通入输送器上部时，即对焊剂加压，并使焊剂伴随空气经管路流到安装在焊机头上的焊剂漏斗内，此时焊剂落下，空气自上口逸出。为使焊剂输送更可靠，可在焊剂筒的出口处设置一管端增压器。采用压缩空气输送焊剂时，必须装设气水分离器，以除净压缩空气中的水分。

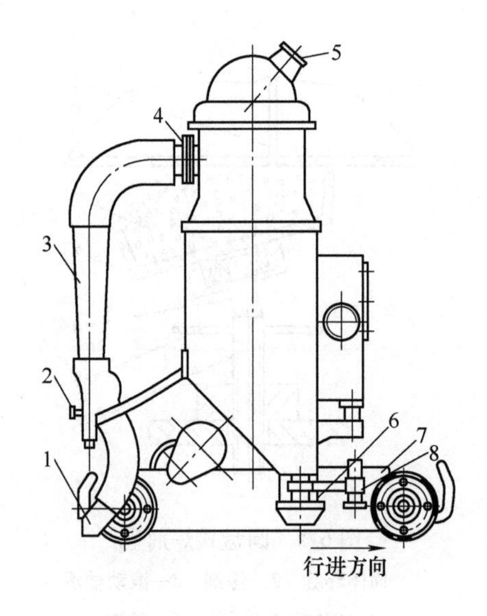


图6-7　移动式循环系统

1—焊剂回收嘴　2—进气嘴　3—喷射器
4—焊剂箱进料口　5—出气孔　6—焊剂箱出料口
7—焊接小车挡板　8—焊口位置指示灯

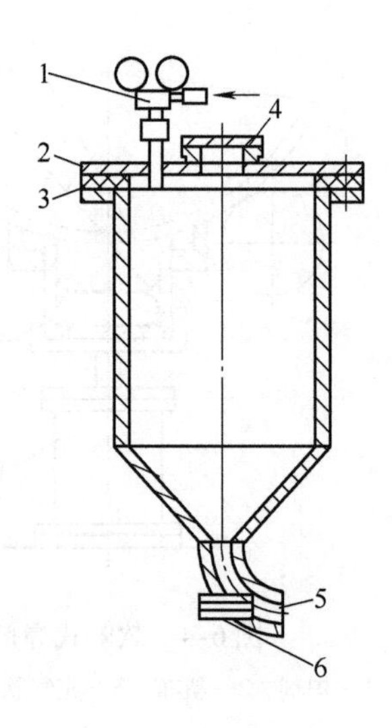


图6-8　焊剂输送器

1—进气管及减压阀　2—桶盖　3—胶垫
4—焊剂进口　5—焊剂出口
6—管道增压器

3）焊剂回收器。有电动吸入式、气动吸入式、吸压式和组合式四种形式，其作用是回收焊剂。

**4. 焊机的维护及故障排除**

（1）埋弧焊机的维护　对焊接设备进行经常性的保养维护，使其处于良好的工作状态是保证焊接过程顺利进行的必要条件。

首先在设备安装时，要仔细研读使用说明书，严格按照说明书中的要求进行安装。如电网电压是否符合设备的要求，千万不可把电压为220V的设备接在380V的电网上；外接电缆的容量是否得当（一般电流密度按5～7A/$mm^2$计算）；工作环境的温度和湿度是否符合要求等。安装过程中要特别注意连接部分必须把螺钉拧紧，以免导电时接触不良，尤其是地线连接的可靠性最为重要，否则有可能危及人身安全。通电前应反复检查接线的正确性，只有确认无误后才可开机通电。通电后应仔细观察设备运行的情况，如有无发热、声音异常等；并应注意运动部件的转动方向和测量仪表指示的方向是否正确无误等，若发现异常情况应立即停机处理。

在使用时，只有熟悉焊机的结构、工作原理和使用方法，才能正确使用和及时排除各种故障，有效地发挥设备的正常功能。如果一时不能熟悉设备的工作原理，也应掌握它的使用方法，才能进行操作，但此时一旦设备发生故障切勿擅自处理，以免危及设备和人身的安全。在使用过程中对设备应经常清扫，严格防止异物落入焊接电源或小车的运动部件内；并应及时检查连接件是否因运行的振动而松动，运动部分响声异常、电路引线不正常发热往往是由于连接件松动而引起的；若设备在露天工作，还要特别注意因下雨受潮而破坏焊机的绝缘等问题。

（2）埋弧焊机常见故障和排除方法　任何设备工作一定时间后，发生某些故障总是难以避免的，即使设备的工作正常，也可能因操作方面的原因而影响焊接质量，因而对焊接设备必须进行经常性的检查和维护。埋弧焊的常见故障及其排除方法见表6-1；在设备无故障的条件下，因操作不当而引起的焊接质量异常情况见表6-2。

**表6-1　埋弧焊机常见故障及排除方法**

| 故障现象 | 产生原因 | 排除方法 |
| --- | --- | --- |
| 按焊丝向下、向上按钮时，焊丝动作不对或不动作 | 1. 控制线路有故障（控制变压器、整流器损坏，按钮接触不良等）<br>2. 电动机方向接反<br>3. 电动机电刷接触不良 | 1. 查找故障位置，对症排除<br>2. 改接电源线相序<br>3. 清理或修理电刷 |
| 按按钮后继电器不工作 | 1. 按钮损坏<br>2. 继电器回路有断路现象 | 1. 检查按钮<br>2. 检查继电器回路 |
| 按起动按钮，继电器工作，但接触器不工作 | 1. 继电器本身有故障，线包虽工作，但触点不工作<br>2. 接触器有故障<br>3. 电网电压太低 | 1. 检查继电器<br>2. 检查接触器<br>3. 改变变压器的接法 |
| 按起动按钮，接触器动作，送丝电动机不转或不引弧 | 1. 焊接回路未接通<br>2. 接触器接触不良<br>3. 送丝电动机的供电回路不通 | 1. 检查焊接电源回路<br>2. 检查接触器触点<br>3. 检查电枢回路 |
| 按起动按钮后，电弧不引燃，焊丝一直上抽（MZ1—1000） | 1. 电源有故障。无电弧电压<br>2. 接触器的主触点未接触<br>3. 电弧电压采样电路未工作 | 1. 检查电源电路<br>2. 检查接触器触点<br>3. 检查电弧电压采样电路 |
| 按起动按钮，电弧引燃后立即熄灭，电动机转，只使焊丝上抽（MZ1—1000） | 起动按钮触点有故障，其常闭触点不闭合 | 修理或更换 |
| 按停止按钮时，焊机不停 | 1. 中间继电器触点粘连<br>2. 停止按钮失灵 | 修理或更换 |
| 焊丝与焊件间接触时回路有电流 | 小车与焊件间绝缘损坏 | 检查并修复绝缘 |

**表6-2　操作不当产生的问题及其排除方法**

| 现　　象 | 产生原因 | 排除方法 |
| --- | --- | --- |
| 焊丝送进不均匀或正常送丝时电弧熄灭 | 1. 送丝机中焊丝未夹紧<br>2. 送丝滚轮磨损<br>3. 焊丝在导电嘴中卡死 | 1. 调整压紧机构<br>2. 更换送丝滚轮<br>3. 调整导电嘴 |
| 焊接过程中机头及导电嘴位置变化不定 | 1. 焊接小车调整机构有间隙<br>2. 导电装置有间隙 | 1. 更换零件<br>2. 重新调整 |
| 焊机无机械故障，但常粘丝 | 网路电压太低，电弧过短 | 进行调节 |
| 焊机无机械故障，但常熄弧 | 网路电压太高，电弧过长 | 进行调节 |

（续）

| 现　　象 | 产生原因 | 排除方法 |
|---|---|---|
| 焊剂供给不均匀 | 1. 焊剂漏斗中焊剂用完<br>2. 焊剂漏斗闸门卡死 | 1. 添加焊剂<br>2. 修理闸门 |
| 焊接过程中焊机突然停止行走 | 1. 离合器脱开<br>2. 有异物阻拦<br>3. 电缆拉得太紧<br>4. 停电或开关接触不良 | 1. 关紧离合器<br>2. 清理障碍<br>3. 放松电缆<br>4. 对症处理 |
| 焊缝宽度不均匀 | 1. 电网电压不稳<br>2. 导电嘴接触不良<br>3. 导线松动<br>4. 送丝滚轮打滑 | 对症处理 |
| 焊接时焊丝通过导电嘴产生火花 | 1. 导电嘴磨损<br>2. 导电嘴安装不良<br>3. 焊丝有油污 | 1. 更换导电嘴<br>2. 重新安装导电嘴<br>3. 清理焊丝 |
| 导电嘴与焊丝一起熔化 | 1. 电弧太长<br>2. 焊丝伸出太短<br>3. 焊接电流太大 | 调节焊接参数 |
| 焊机停止时焊丝与焊件粘结 | 返烧过程控制不当，焊接电源停电过早 | 调整返烧过程 |
| 焊接电路接通，电弧未引燃，而焊丝与导电嘴焊合 | 焊丝与焊件接触太紧 | 调整焊丝与焊件的接触状态 |

# 第二节　等离子弧焊接与切割设备

等离子弧是利用等离子枪将阴极和阳极之间的自由电弧压缩成高温、高电离度、高能量密度及高焰流速度的电弧。等离子弧可用于焊接、喷涂、堆焊及切割。下面重点介绍等离子弧焊接与切割设备的相关知识。

## 一、等离子弧焊接与切割设备组成

按操作方式不同，等离子弧焊接设备可分为手工焊设备和自动焊设备两大类。手工等离子弧焊设备主要由焊接电源、焊枪、控制系统、供气系统和水冷系统等部分组成；自动等离子弧焊设备除上述部分外，还有焊接小车和送丝机构（焊接时需要加填充金属）。

（1）焊接电源　等离子弧焊设备一般采用具有陡降或垂直下降外特性的直流弧焊电源。电源空载电压根据离子气的种类而定，如用纯氩气做离子气时，电源空载电压只需 80V 左右；而用氩气加氢气的混合气体做离子气时，电源空载电压则需要 110～120V。等离子弧一般均采用直流正接。为了焊接铝及其合金等有色金属，可采用方波交流电源或变极性等离子

弧电源。为保证收弧处的焊缝质量，不会留下弧坑，等离子弧焊接一般采用电流衰减法熄弧，因此，要求焊接电源具有电流衰减控制装置。

（2）焊枪　焊枪主要由电极、喷嘴、中间绝缘体、上下枪体、保护罩、水路和气路系统等部分组成。其形状及尺寸应保证等离子弧燃烧稳定、引弧及转弧可靠、电弧压缩性好。

（3）控制系统　控制系统一般包括高频引弧电路、拖动控制电路、延时电路和程序控制电路等部分。程序控制电路包括提前送保护气、高频引弧和转弧、离子气递增、延时行走、电流衰减、延时停气等控制环节。

（4）供气系统和水冷系统　供气系统主要用于输送离子气、焊接区保护气、背面保护气等。水冷系统主要用于冷却焊枪。

一般等离子弧切割设备主要由电源、控制箱、水路系统、气路系统及割炬等部分组成。如果是自动切割则还包括切割小车等。

（1）电源　电源应具有陡降的外特性曲线。一般要求空载电压为 150 ~ 400V，切割电压在 80V 以上。为保证等离子弧的稳定燃烧，一般采用直流电源，如 ZXG2—400 型弧焊整流器。

（2）控制箱　控制箱主要包括程序控制接触器、高频振荡器和电磁气阀等。控制箱可完成下列过程的控制：接通电源输入回路→使水压开关动作→接通小气流→接通高频振荡器→引小电流弧→接通切割电流回路，同时断开小电流回路和高频电流回路→接通切割气流→进入正常切割过程。当停止切割时，全部控制线路复原。

（3）割炬　割炬喷嘴的结构形式和几何尺寸对等离子弧的压缩和稳定有重要影响。实践证明，喷嘴直径与压缩孔道长度之比为 1:（1.5 ~ 1.8）时较为合适。

## 二、等离子弧焊接与切割设备的操作规程

### 1. 自动等离子弧焊接设备的操作规程

（1）操作前的准备工作

1）打开所有电源及水箱开关，检查是否正常，尤其要检查一下水流量显示表的水位显示是否正常，水温是否达到使用要求（水温设定应随季节变化而变化，一般为 18 ~ 24℃。在等离子焊枪外罩不结水珠的情况下水温越低越好）。

2）检查送丝机构，包括送丝压轮压力是否正常、送丝导管是否损坏。

3）检查气体流量是否正常、气路是否漏气。

4）检查焊枪安全保护系统是否正常（禁止关闭水箱工作）。

5）对滑架、行走小车齿轮、齿条进行加油润滑。

6）清理压缩空气油水分离器。

7）检查图像跟踪系统是否正常，并清理摄像头滤光片。

8）清理衬垫槽里的灰尘、杂物等。

9）等离子喷嘴离工件 3 ~ 8mm（根据板厚确定相应高度）。按要求检查等离子喷嘴及 TIG 钨极的直线度及相对高度。等离子喷嘴离工件 3 ~ 4mm、TIG 钨极离工件高度 4 ~ 5mm。

10）检查程序设置是否正常、程序号是否一致、参数是否正确等。

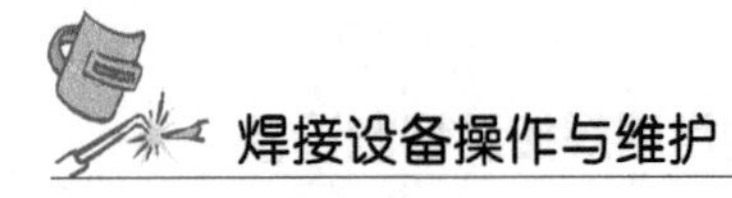


（2）操作步骤

1）检查完好第一次开机后，按要求进行模拟运行，检查行走、送丝、滑架上下、左右摆动、气体流量显示等各动作是否正常。观察气体流量、水流量是否正常。

2）按要求检查工件装配情况。

3）如一切正常，开始焊接。焊接过程中，认真观察各参数及等离子对中送丝情况。送丝应处于微滴状过渡。

4）如出现异常，则停止焊接，待检查正常后，重新进行焊接。严禁野蛮操作，造成设备损坏或焊缝质量下降现象。

5）工作结束后，关掉电源开关，等5min后关掉水箱和气瓶阀门。

6）对焊机及设备进行“5S”管理。

**2. 手工等离子弧切割设备的操作规程**

（1）操作前的准备工作

1）在进行等离子弧切割作业时，必须先到安保部门办理动火许可证。

2）作业现场做好防火设施，如灭火器、装满水的水桶等。

3）使用等离子切割机前，检查切割机的电源线是否完好，保护接地线是否牢固，压缩空气气源是否正常，导电嘴是否畅通。

4）保持作业现场通风良好。

（2）操作步骤

1）检查完好后，接好压缩空气，接好电源，合上电源开关，电源指示灯亮。

2）开始切割，喷嘴孔的外边缘对准工件的边缘，按动割炬开关即可起弧，若未引燃电弧，松开割炬开关，并再次按动割炬开关，起弧成功后匀速移动割炬进行正常切割。

3）当工件将要切断时，切割速度应放慢（防止工件变形，而引起工件与喷嘴相碰，造成短路）。

4）切割完成后，切断电源、气源，清理工具和现场，确认没有起火危险后，方可离开现场。

5）对工件切割部位进行冷却，清渣后进行下一步工作。

等离子弧焊接和切割过程中会产生电击、有害气体、金属烟尘、噪声、弧光辐射、高频电磁场等多种有害因素，在所有焊接和切割作业中，属于有害因素最多，也是最需要注意安全生产的作业。除了遵守常规安全操作规程以外，还需要进行如下安全防护工作。

（1）防电击　所有用于等离子弧焊接和切割的电源都具有100V以上的空载电压，超过GB/T 9448—1999《焊接与切割安全》及GB/T 8118—2010《电弧焊机通用技术条件》的安全要求，有电击的危险。故防电击对等离子弧焊接和切割作业非常重要，尤其是手持焊枪或割炬的操作。电源在使用时必须可靠接地，焊枪枪体或割枪枪体与手触摸部分必须可靠绝缘。可以采用较低电压引燃非转移弧后再接通较高电压的转移弧回路。如果起动开关装在手把上，必须对外露开关套上绝缘橡胶套管。避免用手直接接触开关。尽可能采用自动操作方法。

（2）防电弧光辐射　电弧光辐射强度大，主要由紫外线辐射、可见光辐射与红外线辐射组成。等离子弧较其他电弧的光辐射强度更大，尤其是紫外线强度高，故对皮肤损伤严重，操作者在焊接或切割时必须带上良好的面罩、手套，颈部也要保护。面罩上除具有黑色目镜外，最好加上吸收紫外线的镜片。自动操作时，可在操作者与操作区设立防护屏。等离子弧切割时，可采用水中切割方法，利用水来吸收光辐射。

（3）防灰尘与烟气　等离子弧焊接和切割过程中的有害气体主要是臭氧、氮氧化物及一氧化碳。等离子弧焊接和切割过程中伴随有大量汽化的金属蒸气、臭氧、氮化物等。尤其切割时，由于气体流量大，致使工作场地上的灰尘大量扬起，这些烟气与灰尘对操作工人的呼吸道、肺等产生严重影响。因此要求工作场地必须配备良好的通风设备措施。切割时，在栅格工作台下方还可安置排风装置，也可以采取水中切割的方法。

（4）防噪声　等离子弧会产生高强度、高频率的噪声，尤其采用大功率等离子弧切割时，其噪声更大，这对操作者的听觉系统和神经系统非常有害。其噪声能量集中在2000～8000Hz范围内，要求操作者必须戴耳塞，可能的话尽量采用自动化切割，使操作者在隔声良好的操作室内工作，也可以采取水中切割方法，利用水来吸收噪声。

（5）防高频电磁场　等离子弧焊接和切割都采用高频振荡器引弧，但高频对人体有一定的危害。引弧频率选择在20～60kHz较为合适，还要求工件接地可靠，转移弧引燃后，立即可靠地切断高频振荡器电源。

## 三、等离子弧焊接与切割设备的保养与常见故障排除

### 1. 设备的保养

每三至六个月对设备内部进行一次清理，用干燥的压缩空气清除焊接电源内部的尘埃；特别是变压器、电抗器，各种电缆和半导体电子器件；焊机长期不用，应每三个月空载运行不少于30min；定期检查各个接头部位是否松动、锈蚀；定期检查焊接电缆和各连接导线是否老化，或绝缘降低，以免漏电造成设备损伤或人体伤害；定期检查焊机内的水气管有无老化或破损，接头处有无泄漏，以免漏电造成设备损伤或人体伤害。

### 2. 设备的故障排除

等离子弧焊接和切割设备在使用过程中，往往会出现某种故障，使焊接和切割工作不能顺利进行。必须结合设备的工作原理和电气原理图，分析判断故障产生的原因，并加以排除。等离子弧焊机的常见故障及排除方法见表6-3和表6-4，等离子弧切割机常见故障及排除方法见表6-5。

**表6-3　等离子弧焊机常见故障及排除方法**（工艺方面）

| 故障现象 | 产生原因 | 排除方法 |
|---|---|---|
| 焊接时电弧在喷嘴和工件之间产生，即产生了双弧现象 | 气体不纯、电流过大喷嘴过小 | 及时停机检查焊接参数和离子气 |
| 焊接过程中，等离子枪喷嘴处冒烟 | 1. 水箱没有打开<br>2. 水箱制冷不正常 | 立即停止焊接，检查水箱是否打开及水箱制冷是否正常，如果没有水通过焊枪，则焊枪已烧坏，须返厂检修 |

（续）

| 故障现象 | 产生原因 | 排除方法 |
|---|---|---|
| 在维弧过程中，电弧闪烁不定 | 1. 喷嘴孔道堵塞<br>2. 钨极烧损<br>3. 气体不纯 | 1. 及时清理喷嘴，用金相砂纸将喷嘴孔道磨出金属光泽<br>2. 更换钨极<br>3. 更换纯度更高的等离子气体，工艺要求等离子气体纯度：Ar≥99.99%（体积分数） |
| 焊缝中产生气孔 | 1. 母材有油、锈等污物<br>2. 气体保护效果差<br>3. 枪头漏气<br>4. 未焊透 | 1. 清理工件<br>2. 采用合格的气体<br>3. 可能为离子气管路漏气或焊枪 O 形圈损坏，进行更换<br>4. 保证等离子气体压力充足，工艺要求 0.4～0.5MPa；主要焊接参数和焊接电源按照调试要求调节 |
| 焊接过程中电极烧损严重 | 1. 气体纯度不够<br>2. 钨极直径与所用电流不匹配<br>3. 钨极质量不好 | 1. 更换纯度更高的等离子气体，工艺要求等离子气体纯度：Ar≥99.99%（体积分数）<br>2. 更换相对应的钨极（等离子推荐 $\phi$4.0mm 钨极）<br>3. 更换质量更好的钨极 |
| 焊缝背面保护不好 | 1. 背面保护气体纯度不够<br>2. 等离子衬垫出气孔堵塞<br>3. 等离子衬垫与芯轴之间漏气 | 1. 更换纯度更高的氩气，工艺要求气体纯度：Ar≥99.99%（气体分数）<br>2. 将等离子衬垫拆下清洗，把堵塞的孔打通<br>3. 将漏气点用高温胶布密封 |
| 焊缝正面保护不好 | 1. 正面保护气体纯度不够<br>2. 正面保护托罩与工件之间密封不好，气体泄漏<br>3. 喷嘴距工件距离过大 | 1. 更换纯度更高的氩气，工艺要求气体纯度：Ar≥99.99%（气体分数）<br>2. 用高温胶布把漏气的地方贴好<br>3. 等离子焊接时工件距喷嘴距离保持在 3～5mm |
| 未焊透 | 1. 等离子气压力不足<br>2. 等离子气路漏气<br>3. 钨极与工件短路，造成分流<br>4. 焊接工艺问题，主要焊接工艺和焊接电源是否按照调试要求调节<br>5. 喷嘴尺寸、钨极内缩量未按焊接工艺装配 | 1. 调整等离子气体压力，工艺要求气体压力为 0.4～0.5MPa<br>2. HPT～400 等离子焊枪 $\phi$16.4mm×1.8mm 密封圈损坏；转接板接头没有拧紧；HPT-500A 等离子焊枪，手轮 $\phi$11.8mm×1.8mm 密封圈损坏，转接板接头没有拧紧<br>3. 用万用表测量“+”“-”极之间是否短路<br>4. 按照焊接参数表，测量焊接速度是否正常，并修改焊接工艺；对照焊接电源说明书，调节电源参数<br>5. 根据焊接工艺表选择合适的喷嘴、钨极内缩量 |

（续）

| 故障现象 | 产生原因 | 排除方法 |
|---|---|---|
| 焊接穿孔 | 1. 焊接工艺问题<br>2. 小车、滚轮架运行抖动<br>3. 喷嘴孔径与工艺要求不符，钨极内缩量与工艺要求不符<br>4. 等离子气体纯度不够 | 1. 根据焊接工艺表调整焊接工艺<br>2. 与服务人员联系<br>3. 根据焊接工艺表调整焊接工艺<br>4. 更换合格的气体，工艺要求等离子气体纯度：Ar≥99.99%（体积分数） |
| 咬边 | 1. 钨极与等离子喷嘴不同轴<br>2. 电流小等离子气流量大<br>3. 焊接速度过快<br>4. 钨极或喷嘴烧损严重<br>5. 喷嘴孔中心与工件焊缝中心不垂直 | 1. 重新安装钨极，保证钨极与喷嘴的同轴度<br>2. 修改焊接参数<br>3. 修改焊接参数<br>4. 更换钨极或喷嘴<br>5. 调节喷嘴 |

**表 6-4 等离子弧焊机常见故障及排除方法**（设备方面）

| 故障现象 | 产生原因 | 排除方法 |
|---|---|---|
| 不维弧 | 1. 钨极、喷嘴脏，导电不好<br>2. 焊枪水电管断开<br>3. 未打到焊接功能<br>4. 起动信号未给高频引弧器<br>5. 高频引弧器坏<br>6. 焊接电源故障保护未复位<br>7. 系统参数 P/T 切换未选择正确 | 1. 清理喷嘴、更换钨极<br>2. 万用表测量钨极与转接板是否导通<br>3. 将遥控器、PLC 触屏都打到焊接功能<br>4. 用万用表测量线路，更换高频引弧器信号线<br>5. 如高频引弧器信号线正常，则可能是高频引弧器坏，需与服务人员联系<br>6. 重新开关电源<br>7. 在 PLC 触屏上选择正确的焊接方式 |
| 焊机弧压跟踪不稳定或 PLC 触屏显示电压为 0V | 1. “+”“-”极采样线断（“+”极采样线为红黑线，“-”极采样线为单芯或 2 芯屏蔽线）或采样电感坏（串联在“+”“-”极采样线之间）<br>2. 控制箱电路板接触不好<br>3. 跟踪设定参数设置不合理 | 1. 万用表测量，更换断线或采样电感<br>2. 与服务人员联系<br>3. 根据焊接工艺表调整跟踪设定参数 |
| 漏气 | 1. HPT-400 等离子枪：$\phi$16.4mm × 1.8mm 密封圈损坏；转接板接头没有拧紧<br>2. HPT-500A 等离子枪：手轮 $\phi$11.8mm × 1.8mm 密封圈损坏；转接板接头没有拧紧 | 1. 检查等离子气体回路，更换 O 形圈；将转接板接头拧紧<br>2. 如还未解决，检查等离子气体回路是否漏气（从气表到喷嘴） |
| 横梁上升无动作，下降正常 | 升降电动机制动镇流器烧坏或减速机润滑油少 | 更换电动机镇流器或加润滑油 |

（续）

| 故障现象 | 产生原因 | 排除方法 |
|---|---|---|
| 自动横摆不正常 | 1. 电动机电源线断<br>2. 电动机驱动器坏<br>3. 滑架直线导轨卡死 | 1. 检查送丝机驱动器到电机的电源线是否接触不好或断线<br>2. 更换电动机驱动器<br>3. 用汽油清洗直线导轨 |
| 不送丝、送丝速度不稳 | 1. 电机处6孔插头有插针松动<br>2. 送丝模拟隔离板插头松动、接触不好、隔离板损坏<br>3. 电动机坏（不常见）<br>4. 送丝驱动器坏<br>5. 按钮的焊点不牢固并脱落 | 1. 检查并紧固松动的插针<br>2. 检查紧固或更换<br>3. 更换电动机<br>4. 更换送丝驱动器<br>5. 加固按钮的焊点 |
| 焊枪漏水 | 1. 水管卡箍未卡紧<br>2. 水路接头螺母松动<br>3. 枪体钎焊处断裂 | 1. 更换水管卡箍<br>2. 将松动螺母旋紧<br>3. 返厂维修，如整体断开则无法维修 |

**表6-5 等离子弧切割机常见故障及排除方法**

| 故障现象 | 产生原因 | 排除方法 |
|---|---|---|
| 电源空载电压过低 | 1. 电网电压过低<br>2. 硅整流元件损坏短路<br>3. 变压器线圈短路<br>4. 磁放大器短路 | 1. 检查网路电压<br>2. 用仪表检查短路处 |
| 按高频按钮无高频放电火花 | 1. 火花放电器间隙太大<br>2. 高频振荡器元件损坏<br>3. 高频电源未接通<br>4. 高频旁路电容损坏<br>5. 电极内缩长度太大 | 1. 检查火花放电间隙<br>2. 检查并更换损坏的高频振荡器元件<br>3. 接通高频电源<br>4. 更换高频旁路电容<br>5. 减小电极内缩长度 |
| 高频工作正常，但电弧不能引燃 | 1. 离子气不通或气体压力不足<br>2. 控制电路元件损坏或接触不良 | 1. 检查气体压力<br>2. 检查控制线路 |
| 断弧 | 1. 割炬抬得太高（转移弧）<br>2. 工件表面不清洁<br>3. 工件地线接触不良<br>4. 喷嘴压缩孔道太长或孔径太小<br>5. 空载电压太低<br>6. 电极内缩长度太大 | 1. 割炬抬至适当距离<br>2. 清理工件表面<br>3. 检查工件地线<br>4. 改变喷嘴结构<br>5. 提高电源空载电压<br>6. 减小电极内缩长度 |
| 指示灯不亮 | 1. 电源未接通或控制线断路<br>2. 灯泡损坏<br>3. 熔丝熔断<br>4. 控制变压器损坏 | 1. 接通电源<br>2. 更换熔丝或灯泡<br>3. 检查控制变压器和控制线路 |

# 第三节　电阻点焊设备

点焊是电阻焊的一种，是将焊件装配成搭接接头，并压紧在两柱状电极之间，利用电阻热熔化母材金属，形成焊点的电阻焊方法。

电阻点焊是一种高速、经济的重要连接方法。它适用于制造气密性要求不高、厚度小于3mm的冲压、轧制的薄板搭接构件。广泛用于汽车、摩托车、航空航天、家具等行业产品的生产。下面介绍电阻点焊设备的结构组成、操作维护以及故障排除等内容。

## 一、电阻点焊设备的组成

机器人点焊设备主要由点焊控制器、焊钳（包括阻焊变压器）及水、电、气等辅助部分组成。

（1）点焊机器人焊钳　根据阻焊变压器与焊钳的结构关系可将焊钳分成分离式、内藏式和一体式三种形式。

1）分离式焊钳。分离式焊钳如图6-9所示，该焊钳的特点是阻焊变压器与钳体相分离，钳体安装在机器人手臂上，而焊接变压器悬挂在机器人的上方，可在轨道上沿着机器人手腕移动的方向移动，二者之间用二次电缆连接，由于采用分离式结构，减小了机器人的负载，故运动速度高，价格便宜。其主要缺点是需要大容量的阻焊变压器，电力损耗较大，能源利用率低。此外粗大的二次电缆对机器人的手臂施加拉伸力和扭转力，限制了点焊工件区间与焊接位置的选择。

2）内藏式焊钳。这种结构是将阻焊变压器安放到机器人手臂内，使其尽可能地接近钳体，变压器的二次电缆可以在内部移动，如图6-10所示。当采用这种形式的焊钳时，必须同机器人本体统一设计，如Cartesian机器人就采用这种结构形式。另外，极坐标或球面坐标的点焊机器人也可以采取这种结构。其优点是二次电缆较短，变压器的容量可以减小，但是使机器人本体的设计变得复杂。

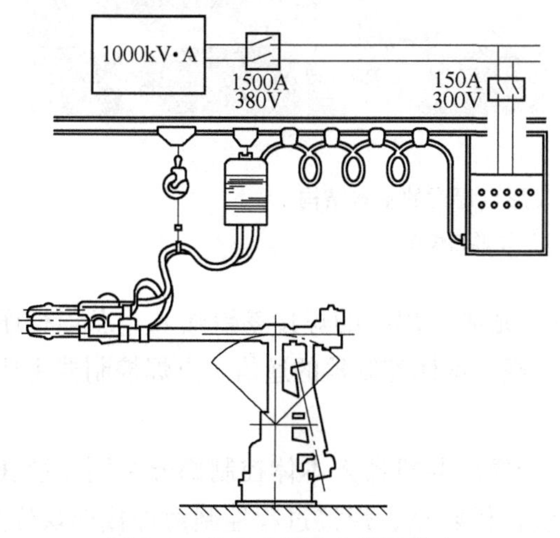


图6-9　分离式焊钳点焊机器人

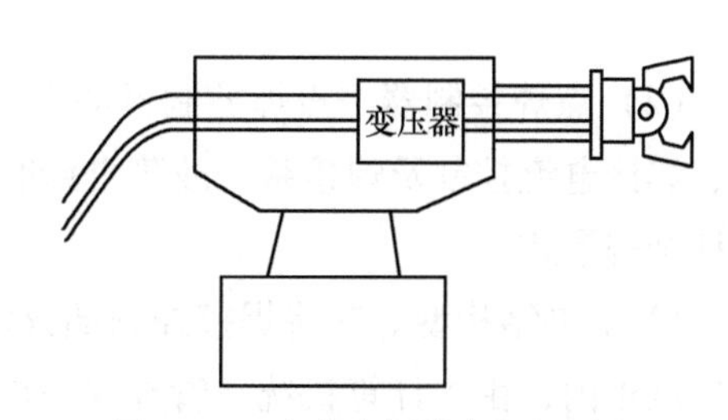


图6-10　内藏式焊钳点焊机器人

3）一体式焊钳。焊钳与阻焊变压器安装在一起，共同固定在机器人手臂末端的法兰盘上，其主要优点是节省能量，如图6-11所示。一体式焊钳的缺点是焊钳重量增大，要求机器人的负载能力变大，但随着逆变焊钳的发展及机器人负载能力的提高，一体式焊钳会得到广泛的应用。目前的机器人点焊钳多数为气动，气动式焊钳电极的张开和闭合是通过气缸来实现的，电极张开一般有两级，大冲程时焊钳的张开度大，保证将焊钳伸入夹具或工件内部时与工件或夹具不发生碰撞；小冲程时焊钳的张开度小，在连续点焊时可缩短焊钳开合的时间。焊钳和机器人一体化降低了焊接加压时产生的冲击噪声，使加压所需的能量降低到1/10，而且焊钳的张开度和点焊压力可任意调节。除此之外，与气动焊钳相比电极磨损变小，并减少了焊接电流的消耗。

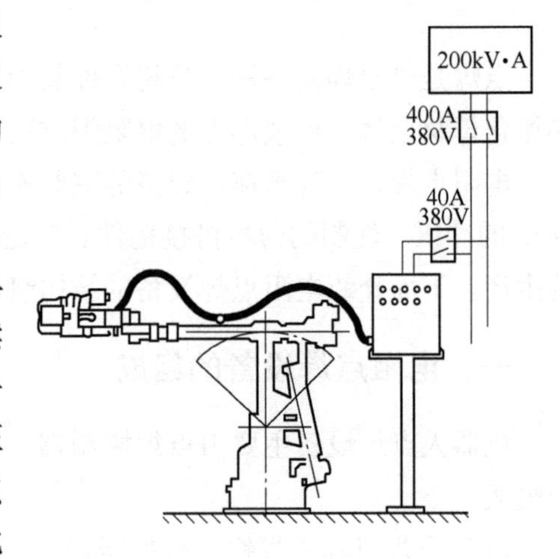


图6-11　一体式焊钳点焊机器人

点焊机器人用焊钳与手工焊钳一样有C形和X形两种，但与手工焊钳相比其使用寿命长、尺寸精度高、结构紧凑且质量轻。根据工件及焊接夹具的结构形式来选取焊钳的种类及结构尺寸，对于较复杂的工件一般需要通过仿真来确定焊钳的尺寸，图6-12为常用的C形和X形点焊钳的基本结构形式。

a)

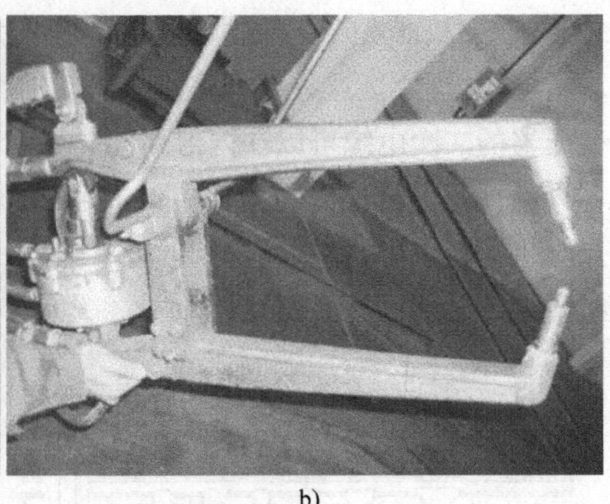

b)

图6-12　常用的C形和X形点焊钳的基本结构

a）C形点焊钳　b）X形点焊钳

（2）点焊控制器　点焊控制器的主要功能是完成点焊时的焊接参数输入、点焊程序控制、焊接电流控制及焊接系统故障自诊断，并实现与本体控制器的通信。点焊控制器主要有三种结构形式。

1）中央结构型。它将焊接控制部分作为一个模块与机器人本体控制部分共同安装在一个控制柜内，由主计算机统一管理并为焊接模块提供数据，焊接过程控制由焊接模块完成。其优点是设备集成度高，便于统一管理。

2）分散结构型。焊接控制器与机器人本体控制柜分开，二者通过应答式通讯联系，主计算机给出焊接信号后，其焊接过程由焊接控制器自行控制，焊接结束后给主机发出结束信号，以便主机控制机器人移动，进入下一个焊接循环。这种结构的优点是调试灵活，焊接系统可单独使用，但需要一定距离的通信，集成度不如中央结构型高。

由中国科学院沈阳自动化研究所研制的 MWC-B 型可编程控制器，应用于松辽汽车、金杯汽车以及三水嘉陵公司的点焊机器人工作站，效果良好，其具有下列主要特点：

① 具有恒电流、恒电压两种控制功能。

② 具有电流阶梯上升控制功能，可显示阶梯数和焊点数，用于补偿由于电极磨损而引起的电流密度的变化。

③ 具有两段通电的焊接参数。

④ 可进行两个加压电磁气阀（双钳）控制及 4 序列和 15 序列的起动方式选拔。

⑤ 自动进行焊接功率与焊接电流的调整。

⑥ 具有断电数据保存功能。

⑦ 利用示教盒可进行远距离（50m 内）数据设定，操作简单方便。

⑧ 焊接电流过低时，可自动再次通电。

⑨ 直接进行焊接参数的数值设定，不需记忆数据地址。

3）群控系统。群控系统是将多台点焊机器人焊机（或普通点焊机）与群控计算机相连，以便对同时通电的数台焊机进行控制，实现部分焊机的焊接电流分时交错，限制电网瞬时负载，稳定电网电压，保证焊点质量。有了群控系统可以使车间供电变压器容量大大下降。此外，当某台机器人出现故障，群控系统起动备用的点焊机器人工作，以保证焊接生产正常进行。

（3）点焊电极　点焊时电极的主要功能有以下方面：

1）向工件传导电流。

2）向工件传递压力。

3）导散焊接区的部分热量。

由于电极的端面直接与高温的工件表面接触，因此除了电极具有优良的导电、导热能力外，还应具有承受高温和高压的能力。

点焊电极材料多为各种铜合金，一般来说合金越硬，其导电、导热能力越低。选择电极材料要根据其导电、导热及力学性能综合考虑。如焊接 Al 时，为防止粘附，要求电极材料具有高的导热性而损失一定的抗压强度，而焊接不锈钢时正相反，为了获得高的焊接压力，不得不牺牲导热性而获得高的抗压强度。

## 二、电阻点焊设备的安全操作规程

电阻点焊的安全技术主要有预防触电、压伤（撞伤）、灼伤和空气污染等。除了在技术措施方面做必要的安全考虑外，操作人员也须了解安全常识，应事先对其进行必要的安全教育。

（1）防触电　电阻点焊机二次电压很低，不会产生触电危险。但一次电压为高压，尤其是采用电容储能电阻焊机，一次电压可高于千伏。晶闸管一般均采用水冷，冷却水带电，故焊机必须可靠接地。通常一次回路的一极与机身相连而接地，但有些多点焊机因工艺需要两极都不与机身相连，则应将其中一极串联 1kΩ 电阻后再接到机身。在检修控制箱中的高压部分时，必须切断电源。电容储能焊机如采用高压电容，则应加装门开关，在开门后自动切断电源。

（2）防压伤（撞伤） 电阻点焊机必须固定一人操作，防止多人因配合不当而产生压伤事故。脚踏开关必须有安全防护。多点焊机则在其周围设置栅栏，操作人员在上料后必须退出，距设备一定距离或关上门后才能起动焊机，确保运动部件不致撞伤人员。

（3）防灼伤 电阻点焊工作时常有喷溅产生，因此操作人员应穿防护服、戴防护镜，防止灼伤。

（4）防污染 电阻点焊焊接镀层板时，产生有毒的锌、铅烟尘，修磨电极时有金属尘，其中镉铜和铍钴铜电极中的镉与铍均有很大的毒性，因此必须采取一定的通风措施。

综上所述，应严格按电阻点焊安全操作规程的要求进行作业，以防止事故发生，具体要求如下：

1）电阻点焊设备上的起动按钮、脚踏开关等应布置在安全部位，并有防止误动的防护装置。

2）多点焊机上应装置防碰传感器、制动器、双手控制器等有效防护装置，以防止因误动或意外操作而导致伤害。

3）所有裸露的传动元件都应有有效防护装置。

4）焊工应戴专用防护镜工作，用于防火花喷溅伤人的防护罩应由防火材料制成。

5）每台设备都应装置一个或多个（每个操作位布置一个）紧急停机按钮，便于发生意外时紧急停机。

6）焊机必须可靠接地，安装必须保证稳固可靠，高于地面 30 ~ 40cm，周围应有排水沟，在 15m 内不得有易燃、易爆物，且有消防设施。

7）焊接变压器一次绕组及其他与电源连接部分的线路，其对地绝缘电阻不小于 1MΩ。不与地线连接，且电压小于或等于交流 36V 或直流 48V 电气装置上的任一回路，其对地绝缘电阻不小于 0.4MΩ。当电压大于交流 36V 或直流 48V 时，其对地绝缘电阻不小于 1MΩ。

8）装有高压电容器的焊机和控制面板，必须有合适的绝缘手段并且全封闭，所有机壳门都有合适的联锁装置，以保证机壳门或面板被打开时可有效地切断电源，并使所有高压电容器向适当的电阻性负载放电。

9）检修焊机控制箱时必须切断电源。

## 三、常用电阻点焊机的调试、保养与维修

### 1. 焊机的调试

（1）通电前的检查 按照说明书对照检查连接线是否正确；测量各个带电部位对机身的绝缘电阻是否符合要求；检查机身的接地是否可靠；检查水和气是否畅通；测量电网电压是否与焊机铭牌数据相符。

（2）通电检查　确认安装无误的焊机，便可进行通电检查。主要是检查控制设备各个按钮与开关操作是否正常。

然后进行不通焊接电流下的机械动作运行。即拔出电压级数调节组的手柄或把控制设备上焊接电流通断开关放在断开的位置。起动焊机，检查工作程序和加压过程。

（3）焊接参数的选择　使用与工件相同材料和厚度的试件进行试焊。试验时通过调节焊接规范参数（电极压力、次级空载电压、通电时间、热量调节、焊接速度、工件伸出长度、烧化量、顶锻量、烧化速度、顶锻速度、顶锻力等）以获得符合要求的焊接质量。

对一般工件的焊接，用试件焊接一定数量后，经目视检查应无过深的压痕、裂纹和过烧；再经撕破试验检查焊核直径，确定合格且均匀后，即可正式焊接几个工件。经对产品的质量检验合格，焊机即可投入生产使用。

对航空和航天等要求严格的工件，当焊机安装、调试合格后，还应按照有关技术标准，焊接一定数量的试件，经目测、金相分析、X 射线检查、机械强度测量等试验，以评定焊机工作的可靠性。

**2. 焊机的维护保养**

（1）日常保养　这是保证焊机正常运行、延长使用期限的重要环节。主要项目是：保持焊机清洁；对电气部分要保持干燥；注意观察冷却水流通状况；检查电路各部位的接触和绝缘状况。

（2）定期维护检查　主要包括：机械部位应定期加润滑油；检查活动部分的间隙；观察电极及电极握杠之间的配合是否正常，有无漏水；电磁气阀的工作是否可靠；水路和气路管道是否堵塞；电气接触处是否松动；控制设备中各个旋钮是否打滑；元件是否脱焊或损坏。

**3. 电阻点焊机的维修**

对电阻点焊机进行有效维护，保证其正常运行，有利于促进焊接质量的稳定及提升，降低成本，提高效率。电阻点焊机常用检修方法如下。

（1）直观检查　这类故障的直观检查主要是靠眼看和耳听，即视听检查，如保险熔断、断线、连接器脱落、电极老化等。

（2）供电检查　当直观检查完毕后，仍不能排除故障时，可进行供电检查。通过用万用表测量控制变压器的输入、输出电压；P 板上的 ±15V 电源电压；用示波器测量测试点的波形等，查出发生故障的部位，进行修理。

（3）替代法　在条件允许的情况下，可先用正常的阻焊控制器进行替代，确定故障发生的具体部位，可迅速地检查出故障原因。即使不能立即发现故障原因，也可以缩小故障的检查范围，以免浪费不必要的检查时间。

（4）经验法　修理人员应熟记“维修指南”中所介绍的故障现象及排除方法。并且，对以前发生过的故障原因、排除方法等进行积累，及时汇总。当再次发生同类故障时，可根据手册中的故障排除方法或以前的修理经验，对号入座，迅速查出故障点并排除。

对于经验丰富的维修人员，在着手维修电阻点焊机之前，会首先向操作者详细了解故障发生的过程，并根据异常现象判断故障是由电阻点焊机自身原因所引起的还是由外部原因所引起的，以便迅速、准确地确定故障点。而对于尚缺乏经验的维修人员来讲，按照一定的程序进行检查，不仅可以避免在遇到故障时无从下手，同时也可以确保在检查过程中少走弯路。下面介绍故障检修的一般程序和注意事项。

故障检修的程序如下：

第一步：首先详细了解故障发生的过程，确认故障现象。

第二步：查看点焊机是否有明显的烧损痕迹。

第三步：确认以下几项是否正常。

1）输入电源是否正常。

2）电极是否氧化严重、是否与电极握杆接触不良等。

3）冷却水、气体压力是否正常。

第四步：检查以下几方面内容：

1）保险是否损坏。

2）控制箱上的转换开关设定是否与所进行的操作相一致。

第五步：参照操作手册“故障检测”中的内容确定故障点。

第六步：分析故障原因，排除故障。

在检修过程中应注意以下事项：

1）在给故障点焊机通电时应小心，如果电源内部出现异常情况时应迅速关闭电源开关。

2）如发现P板上的元器件有明显的烧损痕迹时，应首先确认输入电压及控制变压器电压是否正常；如果曾经更换过主电路中的器件，还应检查其接线是否正确。

3）在通电检查时如发现点焊机冒烟、打火、有异味或异常过热等现象时应立即关机。

4）尽可能不要随意调整线路板上的电位器。

5）更换主电路中的器件（如晶闸管、互感器、控制变压器等）时，应注意连接线位置不要接错。

6）修理完成后，注意不要将工具或其他杂物遗留在点焊机内。

电阻点焊机常见故障及排除方法见表6-6。

**表6-6　电阻点焊机常见故障及排除方法**

| 故障现象 | 产生原因 | 排除方法 |
|---|---|---|
| 电极压紧力不足，点焊时喷溅严重 | 1. 加压、减压阀不准<br>2. 电极握杆松动<br>3. 气缸内密封件已坏<br>4. 气缸行程已到极限 | 1. 维修加压或减压阀<br>2. 紧固电极握杆<br>3. 更换气缸内密封件<br>4. 更换气缸 |
| 点焊时虽采用正常使用的焊接参数，但仍发现焊点比正常小且出现未焊透现象 | 控制箱计数系统失灵 | 检查、维修或更换控制箱计数系统 |
| 焊接时出现电流突然过大，甚至烧坏电极 | 晶闸管短路损坏，已进入全导通 | 更换晶闸管 |

# 第四节　气割设备与操作

## 一、气割基本原理

气割是利用可燃气体同氧混合燃烧所产生的火焰分离材料的方法，又称氧气切割或火焰切割，如图6-13所示。气割时，火焰在起割点将材料预热到燃点，然后喷射氧气流，使金属材料剧烈地氧化燃烧，生成的氧化物熔渣被气流吹除，形成切口。气割用的氧纯度应大于99%（体积分数）；可燃气体一般用乙炔气，也可用石油气、天然气或煤气。

图6-13　气割过程

生产中最常见的气割方法是氧乙炔火焰切割。被气割的金属材料应具备下列条件：

① 在纯氧中能剧烈燃烧，其燃点和熔渣的熔点必须低于材料本身的熔点。熔渣具有良好的流动性，易被气流吹除。

② 导热性小。在切割过程中氧化反应能产生足够的热量，使切割部位的预热速度超过材料的导热速度，以保持切口前方的温度始终高于燃点，切割才不致中断。

因此，气割一般只用于低碳钢、低合金钢和钛及钛合金。气割是各个工业部门常用的金属热切割方法，特别是手工气割使用灵活、方便，是工厂零星下料、废品废料解体、安装和拆除工作中不可缺少的工艺方法。

## 二、气割设备及装置

气割设备包括氧气瓶、减压器、乙炔瓶、回火保险器、割炬、胶管等。其中主要的设备是割炬和气源。

**1. 割炬**

割炬是产生气体火焰、传递和调节切割热能的工具，对割炬的要求是简单轻便、易于操作、使用安全可靠。

割炬按乙炔气体和氧气混合方式不同分为射吸式和等压式两种。射吸式割炬主要用于手工切割，等压式割炬多用于机械切割。割炬的结构影响气割速度和质量。射吸式割炬的结构如图 6-14 所示。

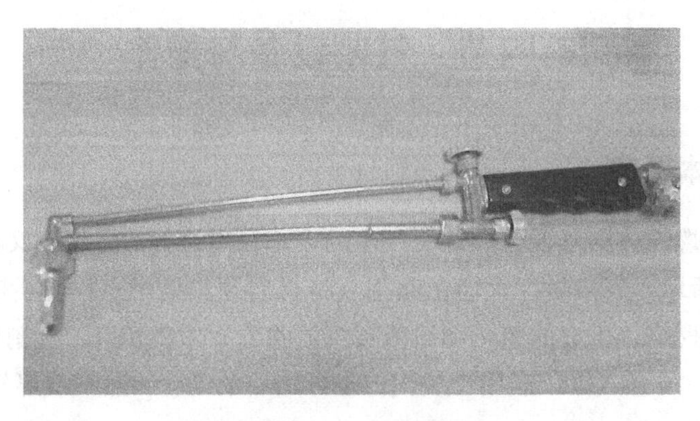

图 6-14　射吸式割炬

割炬的型号及主要技术数据见表 6-7。

**表 6-7　割炬的型号及主要技术数据**

| 割炬型号 | G01-30 | | | G01-100 | | | G01-300 | | | | GD1-100 | | |
|---|---|---|---|---|---|---|---|---|---|---|---|---|---|
| 结构型式 | 射吸式 | | | | | | | | | | 等压式 | | |
| 割嘴号码 | 1 | 2 | 3 | 1 | 2 | 3 | 1 | 2 | 3 | 4 | 3 | 4 | 5 |
| 割嘴孔径/mm | 0.6 | 0.8 | 1 | 1 | 1.3 | 1.6 | 1.8 | 2.2 | 2.6 | 3 | 1.6 | 1.8 | 2.0 |
| 切割厚度范围/mm | 2 ~ 10 | 10 ~ 20 | 20 ~ 30 | 10 ~ 25 | 25 ~ 30 | 50 ~ 100 | 100 ~ 150 | 150 ~ 200 | 200 ~ 250 | 250 ~ 300 | 15 ~ 25 | 25 ~ 50 | 50 ~ 100 |
| 氧气压力/MPa | 0.20 | 0.25 | 0.30 | 0.30 | 0.35 | 0.50 | 0.50 | 0.65 | 0.80 | 1.00 | 0.30 | 0.40 | 0.50 |
| 乙炔压力/MPa | 0.001 ~ 0.10 | 0.001 ~ 0.10 | 0.001 ~ 0.10 | 0.001 ~ 0.10 | 0.001 ~ 0.10 | 0.001 ~ 0.10 | 0.01 ~ 0.10 | 0.001 ~ 0.10 | 0.001 ~ 0.10 | 0.001 ~ 0.10 | 0.50 | 0.50 | 0.60 |
| 氧气消耗量/($m^3$/h) | 0.8 | 1.4 | 2.2 | 2.2 ~ 2.7 | 3.5 ~ 4.2 | 5.5 ~ 7.3 | 9.0 ~ 10.8 | 11 ~ 14 | 14.5 ~ 18 | 19 ~ 26 | 2.2 ~ 2.7 | 3.5 ~ 4.3 | 5.5 ~ 7.3 |
| 乙炔消耗量/(L/h) | 210 | 240 | 310 | 350 ~ 400 | 400 ~ 500 | 500 ~ 610 | 680 ~ 780 | 800 ~ 1100 | 1150 ~ 1200 | 1250 ~ 1600 | 348 ~ 402 | 402 ~ 498 | 498 ~ 600 |
| 割嘴形状 | 环形 | | | 梅花形和环形 | | | 梅花形 | | | 梅花形 | | | |

**2. 氧气及氧气瓶**

（1）氧气的基本特性　氧气是强氧化性气体。与空气相比，燃爆性物质在氧气中的点火能量变小，燃烧速度变大，爆炸范围变宽，更易着火燃烧和爆炸。在一定条件下，一些金属在氧气中也能燃烧。压缩纯氧的压力越高，其助燃性能越强。在潮湿或有水条件下，氧气对钢材有强烈的腐蚀性。

（2）氧气瓶及其附件

1）气瓶本体。工业用氧气瓶是管状无缝结构，上端瓶口处的缩颈部分称为瓶颈，瓶颈与瓶体的过渡部分称为瓶肩，瓶颈外侧固定连接有颈圈。下端一般为凹形底。瓶体由优质锰钢、铬钼钢或其他合金钢制成，瓶体为天蓝色，并漆有“氧气”黑色字样，如图 6-15 所

示。最常用的是中容积瓶，外径为219mm，容积40L，高度约1.5m，公称工作压力15MPa，许用压力18MPa。

2）主要附件。

① 瓶阀　一般由铜材制成，抗燃，且不起静电及机械火花。其密封材料应有好的阻燃及密封性。

② 瓶帽　保护瓶阀免受磕碰，通过螺纹与颈圈连接。瓶帽上一般有排气孔或侧孔，以防止瓶阀漏气使瓶帽承压。

③ 防振圈　套于瓶体上的两个弹性橡胶圈，起减振和保护瓶体的作用。

图6-15　氧气瓶

（3）氧气瓶的充装与运输　氧气瓶充装时，要严防混装和超装，而混装造成的后果更为严重，常因混入可燃气体、油脂等而导致氧气瓶爆炸。氧气瓶充装前，应逐只进行检查，主要检查内容如下：

1）气瓶的制造厂家是否具有气瓶制造许可证。

2）气瓶外表面的涂色是否是规定的天蓝色。

3）气瓶瓶阀的出口螺纹是否为右旋螺纹。

4）气瓶内有无剩余压力，如有剩余压力则进行气体定性鉴别。

5）气瓶内外表面有无裂纹、严重腐蚀、明显变形及其他严重外部损伤缺陷。

6）气瓶是否在规定的检验期内。

7）气瓶附件是否齐全及符合规定要求。

8）瓶体、瓶阀等是否沾染油脂或其他可燃物。

9）瓶内是否有积水等。

以上任一项发现问题，都不得允许气瓶充装，而须对气瓶进行处置。对应一定的充装温度，必须严格按规定的充装压力进行充装，确保在气瓶最高工作温度60℃时瓶内压力不超过气瓶许用压力。气瓶运输装卸时，必须佩戴好瓶帽、防振圈，轻装轻卸，严禁抛、滑、滚、碰；氧气瓶不得与可燃气体气瓶同车运输，也不得与任何易燃、易爆物质同车运输；夏季运输氧气瓶应避免暴晒。

（4）氧气瓶的安全使用

1）氧气瓶不得与可燃气体气瓶同室储存。氧气瓶储存室内严禁烟火。

2）氧气瓶的放置地点不得靠近热源和明火。采用氧乙炔火焰进行作业时，氧气瓶、溶解乙炔气瓶及焊（割）炬必须相互错开，氧气瓶与焊（割）炬明火的距离应在10m以上。操作中应防止回火，避免在氧气管路中混入乙炔气体。不得用氧气吹扫乙炔管路。

3）不得戴着沾有油脂的手套或带油裸手开启氧气瓶瓶阀和减压阀。

4）开启瓶阀和减压阀时，动作应缓慢，以减轻气流的冲击和摩擦，防止管路过热着火。

5）禁止用压缩纯氧进行通风换气或吹扫清理，禁止以压缩氧气代替压缩空气作为风动工具的动力源，以防引发燃爆事故。

6）用瓶单位和人员应防止瓶内积水及积存其他污物，防止气瓶腐蚀及其他损害，进而避免气瓶爆炸。用瓶单位应拒绝使用超过检验期的气瓶。

7）氧气瓶里的氧气，不能全部用完，必须留有剩余压力，严防乙炔倒灌引起爆炸。尚有剩余压力的氧气瓶，应将阀门拧紧，注上“空瓶”标记。

8）氧气瓶附件有缺损，阀门螺杆螺纹损坏时，应停止使用。

9）氧气瓶不能强烈碰撞。禁止采用抛、摔及其他容易引撞击的方法进行装卸或搬运。严禁用电磁起重机吊运。

10）在开启瓶阀和减压器时，人要站在侧面；开启的速度要缓慢，防止有机材料零件温度过高或气流过快产生静电火花，从而造成燃烧。

11）冬天，气瓶的减压器和管系发生冻结时，严禁用火烘烤或使用铁器一类的东西猛击气瓶，更不能猛拧减压表的调节螺母，以防止氧气突然大量冲出，造成事故。

12）禁止使用没有减压器的氧气瓶。气瓶的减压器应有专业人员修理。

**3. 乙炔及乙炔瓶**

（1）乙炔的基本特性　乙炔是最简单的炔烃，易燃气体，又称电石气。分子式 CH≡CH，化学式 $C_2H_2$。无色有芳香气味的易燃气体，熔点 -80.8℃，沸点 -84℃。在液态和固态下或在气态和一定压力下有猛烈爆炸的危险，受热、振动、电火花等因素都可以引发爆炸，因此不能在加压液化后储存或运输。难溶于水，易溶于丙酮，在15℃和总压力为15大气压时，在丙酮中的溶解度为237g/L，溶液是稳定的。因此，工业上是在装满石棉等多孔物质的钢桶或钢罐中，使多孔物质吸收丙酮后将乙炔压入，以便储存和运输。

（2）乙炔瓶及其附件

1）气瓶本体。乙炔瓶是一种储存和运输乙炔的容器，如图6-16所示。

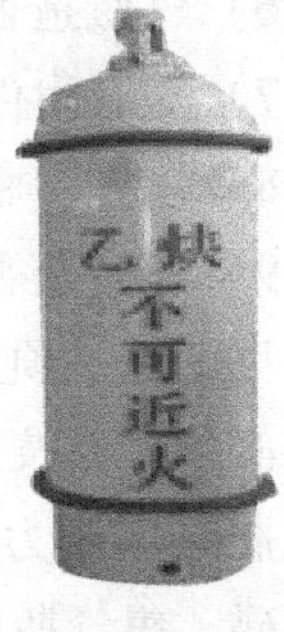

乙炔瓶外形与氧气瓶相似，但它的构造比氧气瓶复杂。乙炔瓶的主要部分是用优质碳素钢或低合金钢轧制而成的圆柱形无缝瓶体。外表漆成白色，并漆有红色“乙炔”字样。在瓶体内装有浸满着丙酮的多孔性填料，能使乙炔稳定而安全的储存在瓶内。使用时，溶解在丙酮内的乙炔就分解出来，通过乙炔瓶阀流出。而丙酮仍留在瓶内，以便溶解再次压入乙炔。乙炔瓶阀下面的填料中心部分的长孔内放有石棉，其作用是帮助乙炔从多孔填料中分解出来。

图6-16　乙炔瓶

2）主要附件。乙炔瓶附件包括瓶阀、易熔合金塞、瓶帽、防振圈和检验标记环。附件的设计、制造、应符合相应国家标准或行业标准的规定。凡与乙炔接触的附件，严禁选用铜的质量分数大于70%的铜合金，以及银、锌、镉及其合金材料。

① 瓶阀。瓶阀与钢瓶阀座连接的螺纹，必须与钢瓶阀座内螺纹匹配，并符合相应国家标准的规定。同一制造单位生产的同一规格、型号的瓶阀，质量允差不超过5%。瓶阀出厂时，应逐只出具合格证，并应注明旋紧力矩。

② 易熔合金塞。易熔合金塞与钢瓶塞座连接的螺纹，必须与塞座内螺纹匹配，并符合相应国家标准的规定，保证密封性。易熔合金塞的动作温度为（100±5）℃。易熔合金塞塞体应采用铜的质量分数不大于70%的铜合金制造。

③ 瓶帽。瓶帽应是固定式的，即不拆卸瓶帽就能方便地对乙炔瓶进行充装溶剂、乙炔

和使用等操作。有良好的抗冲击性，能有效地保护瓶阀，且不积存气、液，并容易清除污物。不得采用灰铸铁制造。在明显处标注出质量值。同一单位制造的、同一规格的瓶帽，质量允差不超过5%。

④ 防振圈。防振圈能紧密套在瓶体上，不松脱、不滑落。在明显处标注出重量值，同一单位制造的、同一规格的防振圈，质量允差不超过5%。除用户要求自配者外，新乙炔瓶出厂，应由乙炔瓶制造单位配齐防振圈。

⑤ 检验标记环。检验标记环一般由铝或铝合金制成，套在瓶阀与阀座之间，能在固定瓶帽中转动。

（3）乙炔瓶使用注意事项

1）禁止用铁制工具敲击乙炔瓶及其附件。

2）瓶阀冻结时，严禁用火烘烤。

3）乙炔瓶不得靠近热源。夏季要防止日光暴晒。与明火的距离一般不得小于10m。

4）严禁用电磁起重机搬运。

5）在同时使用乙炔瓶和氧气瓶时，两种气瓶应尽量避免放在一起。

6）乙炔瓶在使用时，一般应保持直立，严禁卧放使用。

7）乙炔瓶放气流量不得超过0.05$m^3$/(h·L)。

8）乙炔瓶的最大使用压力，严禁超过0.15MPa。

9）在使用乙炔瓶时，必须缓慢地打开阀门。

10）瓶内气体严禁用尽，瓶内剩余压力应符合GB 6819—2004《溶解乙炔》规定。

11）乙炔瓶不得放置于有放射性射线的场地和橡胶绝缘体上。

12）凡与乙炔接触的附件，严禁选用铜的质量分数大于70%的铜合金以及银、锌、镉及其合金材料。

## 三、气割操作技术

### 1. 气割前的准备

1）对设备、割炬、气瓶、减压装置等供气接头，均应仔细检查，确保正常状态。

2）使用射吸式割炬，应检查其射吸能力；等压式割炬，应保持气路畅通。

3）使用半自动仿形气割机时，工作前应进行空运转，检查机器运行是否正常，控制部分是否损坏失灵。

4）检查气体压力，使之符合切割要求。当瓶装氧气压力用至0.1～0.2MPa表压时；瓶装乙炔、丙烷用至0.1MPa表压时，应立即停用，并关阀保留其余气，以便充装时检查气样和防止其他气体进入瓶内。

5）检查工件材质和下料标记，熟悉其切割性能和切割技术要求。

6）检查提供切割的工件是否平整、干净，如果表面凹凸不平或有严重油污锈蚀，不符合切割要求或难以保证切割质量时，不得进行切割。

7）为减少工件变形和利于切割排渣，工件应垫平或放好支点位置。工件下面应留出一定的高度空间，若为水泥地面应铺铁板，防止水泥爆裂。

**2. 气割参数的选择**

（1）切割氧压力

1）切割氧压力的大小对于普通割嘴，应根据割件的厚度来确定，具体选择见表6-8。

**表6-8 切割氧气压力推荐值**

| 割件厚度/mm | 割炬型号 | 割嘴号 | 氧气压力/MPa |
|---|---|---|---|
| ≤4 | G01-30 | 1～2 | 0.3～0.4 |
| 4.5～10 | | 2～3 | 0.4～0.5 |
| 11～25 | G01-100 | 1～2 | 0.5～0.7 |
| 26～50 | | 2～3 | 0.5～0.7 |
| 52～100 | | 3 | 0.6～0.8 |

2）切割氧压力随割件厚度的增加而增高，随氧气纯度的提高而有所降低，氧压的大小要选择适当。在一定的切割厚度下，若压力不足，会使切割过程的氧化反应减慢，切口下缘容易形成粘渣，甚至割不穿工件；氧压过高时，则不仅造成氧气浪费，同时还会使切口变宽，切割面表面粗糙度增大。

（2）预热火焰

1）预热火焰应采用中性焰，它的作用是将割件切口处加热至能在氧流中燃烧的温度；同时，使切口表面的氧化皮剥落和熔化。

2）预热火焰能率以可燃气每小时耗量（L/h）表示，它取决于割嘴孔径的大小，所以实际工作中，根据割件厚度，选定割嘴号码也就确定了火焰能率。表6-9为氧乙炔切割碳钢时，割件厚度与火焰能率的关系。

**表6-9 割件厚度与火焰能率的关系**

| 割件厚度/mm | 3～12 | 13～25 | 26～40 | 42～60 | 62～100 |
|---|---|---|---|---|---|
| 火焰能率/(L/h) | 320 | 340 | 450 | 840 | 900 |

3）火焰能率不宜过大或过小：若切口上缘熔化，有连续珠状钢粒产生，下缘粘渣增多等现象，说明火焰能率过大；若火焰能率过小，割件不能得到足够的热量，必将迫使切割速度减慢，甚至使切割过程发生困难。

4）预热时间与火焰能率、切割距离（割嘴与工件表面的距离）及可燃气体种类有关。当采用氧丙烷火焰时，由于其温度较氧乙炔火焰低，故其预热时间要稍长一些。

（3）切割速度

1）切割速度与割件厚度、切割氧纯度与压力、割嘴的气流孔道形状等有关。切割速度正确与否，主要根据割纹的后拖量大小来判断。

2）割速过慢会使切口上缘熔化，过快则产生较大的后拖量，甚至无法割透。为保证工件尺寸精度和切割面质量，割速要选择适中并保持一致。表6-10为氧气纯度99.8%（体积分数），机械直线切割时，切割速度与后拖量的关系。

表 6-10　切割速度与后拖量的关系

| 割件厚度/mm | 5 | 10 | 15 | 20 | 25 | 50 |
|---|---|---|---|---|---|---|
| 切割速度/(mm/min) | 500～800 | 400～600 | 400～550 | 300～500 | 200～400 | 200～400 |
| 后拖量/mm | 1～2.6 | 1.4～2.8 | 3～9 | 2～10 | 1～15 | 2～15 |

(4) 切割距离

1) 切割距离与预热焰长度、割件厚度及可燃气种类有关。对于氧乙炔火焰，焰心末端距离工件一般以3～5mm为宜，薄件适当加大。对于氧丙烷火焰，其距离稍近。

2) 切割过程中，切割距离应保持均匀。过高，热量损失大，预热时间加长。过低，易造成切口上缘熔化甚至增碳，且割嘴孔道易被飞溅物粘堵，造成回火停割。

(5) 割嘴倾角

割嘴倾角直接影响切割速度和后拖量。直线切割时，割嘴倾角与工件厚度的关系见表6-11；曲线切割时，割嘴应垂直于工件。

表 6-11　割嘴倾角与工件厚度的关系

| 割嘴类型 | 厚度/mm | 割嘴倾角 |
|---|---|---|
| 普通割嘴 | 6 | 5°～10° |
| | 6～30 | 垂直于工件表面 |
| | >30 | 终点时后倾5°～10° |
| 快速割嘴 | 0～16 | 20°～25° |
| | 7～22 | 倾5°～15° |
| | 23～30 | 倾15°～25° |

### 3. 气割操作

根据割件厚度选好割嘴及切割参数后，即可点火调整预热火焰，并试开切割气，检查切割气流是否挺直清晰，符合切割要求。用预热火焰将切口始端预热到金属的燃点（呈亮红色），然后打开切割氧，待切口始端被割穿后，即移动割炬进入正常切割。

(1) 手工切割

1) 气割工身体移位时，应抬高割炬或关闭切割氧，正位后，对准切割处适当预热，然后继续进行切割。

2) 用普通割嘴直线切割厚板，割近终端时，割嘴可稍作后倾，以利割件底部提前割透，保证收尾切口质量。板材手工直线切割参数见表6-12。

表 6-12　板材手工直线切割参数

| 割件厚度/mm | 割炬及割嘴号 | | 氧气压力/MPa | 乙炔压力/MPa | 切割速度/(mm/min) |
|---|---|---|---|---|---|
| 3～12 | G01-30 | 1～2 | 0.4～0.5 | 0.01-0.12 | 550～400 |
| 13～30 | | 2～3 | 0.5～0.7 | | 400～300 |
| 32～50 | G01-100 | 1～2 | 0.5～0.7 | | 300～250 |
| 52～100 | | 2～3 | 0.6～0.8 | | 250～200 |

（2）半自动切割（常用 CG1-30 型气割机）

1）直线切割时，应放置好导轨，气割机放在导轨上；若切割圆形工件，则装上半径杆，并松动蝶形螺母，使从动轮处于自由状态。同时将割矩调整到合适的切割位置。

2）接通控制电源、氧气和可燃气，根据割件厚度调整好切割速度。

3）将倒顺开关扳至所需位置，打开乙炔和预热氧调节阀，点火并调整好预热火焰。

4）将起割开关扳到停止位置，打开压力开关阀，使切割氧与压力开关的气路相通。

5）待割件预热到工件燃烧温度后，打开切割氧阀割穿工件，此时压力开关作用，行走电动机电源接通，合上离合器，切割机起动，切割开始。

6）气割过程中，可随时旋转升降架上的调节手轮，调节割嘴与工件之间的距离。

7）切割结束时，先关闭切割氧阀，此时压力开关停止作用行走电机电源切断，割机停止行走。接着关闭压力开关和预热火焰。最后切断控制电源和停止氧气和可燃气的供给。

8）若不使用压力开关，可直接用起割开关来接通和切断行走电动机电源。

9）氧乙炔焰切割参数见表 6-13，氧—丙烷切割参数见表 6-14。

**表 6-13　常见半自动氧乙炔火焰切割参数**

| 割件厚度/mm | 1～30 气割机 | 氧气压力/MPa | 乙炔压力/MPa | 速度/(mm/min) |
|---|---|---|---|---|
| <20 | 1 | 0.6 | 0.06 | 500～600 |
| 21～40 | 2 | 0.7 | 0.07 | 400～500 |
| 42～60 | 3 | 0.8 | 0.08 | 300～400 |

**表 6-14　常见半自动氧—丙烷火焰切割规范**

| 切割厚度/mm | 割炬型号 | 割嘴号 | 孔径/mm | 氧气压力/MPa | 丙烷压力/MPa |
|---|---|---|---|---|---|
| ≤100 | G07—100 | 1～3 | 1～1.3 | 0.7 | 0.03～0.05 |

（3）半自动仿形切割（常用 CG2—150 型气割机）

1）要确保靠模固定牢靠，并保持与割件平行。

2）割前要开机空运转，保证磁力滚轮沿靠模滚动平稳，无脱出或打滑现象。

3）在切割开始的同时，必须先打开压力开关阀，使切割氧与压力开关接通，接着将起割开关扳到起动位置，伺服电动机旋转并带动磁力滚轮沿靠模运动进行切割。

4）切割结束时，先关闭切割氧阀，使压力开关停止作用而切断伺服电动机电源，紧接着关闭压力开关阀和预热火焰。

5）氧—丙烷切割参数见表 6-15，氧乙炔切割参数见表 6-16。

**表 6-15　半自动仿形氧—丙烷切割参数**

| 割件厚度/mm | 割嘴 | | 气体压力/MPa | | 切割速度/(mm/min) |
|---|---|---|---|---|---|
| | 割嘴号 | 孔径/mm | 氧气 | 丙烷 | |
| 5～20 | 1 | 0.6 | 0.65～0.8 | ≥0.03 | 800～300 |
| 25～40 | 2 | 0.8 | | | 500～250 |
| 35～70 | 3 | 1.0 | | | 350～150 |
| 60～100 | 4 | 1.25 | | | 350～150 |

表 6-16　半自动仿形氧乙炔切割参数

| 割件厚度/mm | 割长方形面积/mm×mm | 割正方形面积/mm×mm | 割圆直径/mm | 切割速度/(mm/min) | 割嘴数目/个 | 磁头直径/mm |
|---|---|---|---|---|---|---|
| 5～60 | 400×90<br>450×750 | 500×500 | 600 | 50～750 | 3 | 10 |

## 课后练习

1. 操作埋弧焊设备前需进行哪些准备工作？
2. 为什么 MZI—1000 型埋弧焊机的焊接参数的调整是比较困难的？
3. 什么是焊剂垫？埋弧焊常用的焊剂垫有哪几种类型？分别适用于何种焊缝的焊接？
4. 手工等离子弧焊设备和自动等离子弧焊设备分别由哪些部分组成？
5. 如何操作手工等离子弧切割设备？
6. 等离子弧焊接和切割过程中会产生哪些有害因素？
7. 如何进行等离子弧焊接和切割设备的保养？
8. 点焊机器人焊钳可分为哪几种类型？各类焊钳有何优缺点？
9. 电阻点焊机常用的检修方法有哪些？

# 参考答案

## 第 一 章

1. 答：电焊机一般应放在通风、干燥处，放置平稳。电焊机、焊钳、电源线以及各接头部位要连接可靠，绝缘良好，不允许接线处发生过热现象，电源接线端头不得外露，应用绝缘胶布包扎好。电焊机与焊钳间导线长度不得超过30m。焊接中，不准调节电流，必须在停焊时使用手柄调节焊机电流，调节不得过快过猛，以免损坏调节器。直流电焊机起动时，应检查转子的旋转方向要符合焊机标志的箭头方向。硅整流电焊机使用时，必须先开起风扇电动机，电压表指示值应正常，仔细察听应无异响。停机后，应清洁硅整流器及其他部件。完成焊接作业后，应立即切断电源，关闭焊机开关并分别清理归整好焊钳电源和地线，以免合闸时造成短路。

2. 答：1）注意焊机清洁，作到勤检查，勤擦洗、勤保养、会检查、会保养、会排除故障。

2）日常保养需对进丝管、送丝轮、送丝软管定期清洗。

3）每6个月用压缩空气（不含水分）清除一次电源内部的粉尘（在切断电源的情况下）。

4）定期检查导电嘴孔是否变形及拧紧、焊枪喷嘴是否附着很多飞溅物。

5）应经常给电源调节电源的螺杆、螺母等，转动部件加润滑油，同时要检查各接线板是否有烧损或其他损坏现象。

6）应经常检查焊接电缆是否有破裂，如有破裂，应立即用绝缘橡胶包好，以避免与焊件相碰而产生短路。

7）工作完毕或临时离开工作场所地时，必须及时切断电源。

3. 答：1）逆变式焊接电源所占比重将越来越大。

2）自动、半自动焊接设备，尤其是高效节能的 $CO_2$ 焊机将得到快速的发展。

3）自动化焊接技术及其设备将以前所未有的速度得到发展。

4）成套、专用焊接设备的应用将会越来越广阔。

## 第　二　章

1. 答：焊接工装夹具是将焊件准确定位并夹紧，用于装配和焊接的工艺装备。

2. 答：一个完整的焊接工装夹具，是由定位器、夹紧机构和夹具体三部分组成。

3. 答：焊接变位机械是通过改变焊件、焊机或焊工的空间位置来完成机械化、自动化焊接的各种机械设备。

4. 答：滚轮架是借助主动滚轮与工件之间的摩擦力带动筒形工件旋转的焊件变位机械。主要用于筒形工件的装配与焊接。

## 第　三　章

1. 答：(1) 使用的设备比较简单，价格相对便宜并且轻便　焊条电弧焊使用的交流和直流焊机都比较简单，焊接操作时不需要复杂的辅助设备，只需配备简单的辅助工具。因此，购置设备的投资少，而且维护方便，这是它广泛应用的原因之一。

(2) 不需要辅助气体防护　焊条不但能提供填充金属，而且在焊接过程中能够产生保护熔池和焊接处避免氧化的保护气体，并且具有较强的抗风能力。

(3) 操作灵活，适应性强　焊条电弧焊适用于焊接单件或小批量的产品，短的和不规则的、空间任意位置的以及其他不易实现机械化焊接的焊缝。凡焊条能够达到的地方都能进行焊接。

(4) 应用范围广，适用于大多数工业用的金属和合金的焊接　焊条电弧焊选用合适的焊条不仅可以焊接碳素钢，低合金钢，而且还可以焊接高合金钢及非铁金属，不仅可以焊接同种金属，而且可以焊接异种金属，还可以进行铸铁焊朴和各种金属材料的堆焊等。

2. 答：焊条电弧焊的基本电路是由交流或直流弧焊电源、焊钳、焊接电缆、焊条、工件及地线等组成。

3. 答：1) 使用前必须按产品说明书或有关国家标准对弧焊电源进行检查，并尽可能详细地了解基本原理，为正确使用建立一定的知识基础。

2) 焊前要仔细检查各部分的接线是否正确，特别是焊接电缆的接头是否拧紧，以防过热或烧损。

3) 弧焊电源接入电网后或进行焊接时，不得随意移动或打开机壳的顶盖。

4) 空载运转时，首先听其声音是否正常，再检查冷却风扇是否正常鼓风，旋转方向是否正确。

5) 机内要保持清洁，定期用压缩空气吹净灰尘，定期通电和检查维修。

6) 要建立必要的严格管理、使用制度。

4. 答：可能的原因是：

1) 主回路交流接触器抖动。

2) 风压开关抖动。

3) 控制电路接触不良。

4) 稳压器补偿线圈匝数不合适。

## 第　四　章

1. 解释下列名词

答：

（1）TIG焊又叫钨极惰性气体保护电弧焊，是利用钨极与母材之间产生的电弧，加热和熔化母材，用或不用填充焊丝，采用惰性气体作为保护气体，形成焊缝的非熔化极气体保护焊接方法。

（2）MIG焊又叫熔化极惰性气体保护电弧焊，是采用惰性气体作为保护气体，利用焊丝与母材之间产生的电弧热进行焊接的一种电弧焊方法。

（3）自保护药芯焊丝是指在焊芯中加入脱氧剂、合金剂、造气剂、造渣剂等物质，可以在不采用保护气体的情况下，获得良好接头能力的焊丝。

2. 答：TIG焊是利用钨极与焊件之间产生的电弧热来熔化附加的填充焊丝或自动给送的焊丝（也可不加填充焊丝）及基本金属，形成熔池而形成焊缝的。焊接时，氩气流从焊枪喷嘴中连续喷出，在电弧区形成严密的保护气层，将电极和金属熔池与空气隔离，以形成优质的焊接接头。

TIG焊的优点：

（1）焊接质量好　氩气是惰性气体，不与金属起化学反应，合金元素不会氧化烧损，也不溶解于金属。焊接过程基本上是金属熔化和结晶的简单过程，保护效果好，能获得高质量的焊缝。

（2）适应能力强　采用氩气保护无熔渣，填充焊丝不通过电流，不产生飞溅，焊缝成形美观；电弧稳定性好，即使在很小的电流（<10A）下仍能稳定燃烧，且热源和填充焊丝可分别控制，热输入容易调节，所以特别适合薄件、超薄件（0.1mm）及全位置焊接（如管道对接）。

TIG焊的缺点：

1）熔深浅，熔敷效率低，焊接生产率低。

2）钨极载流能力有限，过大的电流会引起钨极熔化和蒸发，过大的颗粒会进入焊缝，造成对焊缝的污染。

3）野外焊接时，需采取防风装置。

4）惰性气体较贵，焊接成本高。

3. 答：典型的手工钨极氩弧焊设备由焊接电源、控制部分、送气系统、冷却系统和焊枪等部分组成，自动TIG焊机比手工TIG焊机多出了一个焊枪移动装置和一个送丝机构，通常两者结合在一台可行走的焊接机头（小车）上。

焊接电源提供能量，控制部分实现控制焊接的全过程依次进行；送气系统提供可靠的气体共计用于保护电弧的熔池；冷却系统主要是用来保护喷嘴和钨极以及焊枪不致过热；焊枪实现电弧的引燃，气体的有效供给以及焊接过程的正常进行。

4. 答：主要特点如下：

1）单原子惰性气体保护，电弧燃烧稳定，熔滴细小，熔滴过渡过程稳定，飞溅小，焊缝冶金纯净度高，力学性能好。

2）焊丝作为熔化电极，电流密度高，母材熔深大，焊丝熔化速度和焊缝熔敷速度高，焊接生产率高，尤其适用于中等厚度和大厚度结构的焊接。

3）铝及铝合金的焊接时，一般采用直流反极性，具有良好的阴极清理作用，用亚射流过渡时，电弧具有很强的固有自调节作用。

4）几乎可焊所有金属，尤其适用于铝、镁、铜、钛、锆、镍及其合金，不锈钢等材料的焊接。

5. 答：熔化极气体保护焊设备可分为半自动焊和自动焊两种类型。焊接设备主要由焊接电源、送丝系统、焊枪及行走系统（自动焊）、供气系统和冷却水系统、控制系统五个部分组成。焊接电源提供焊接过程所需要的能量，维持焊接电弧的稳定燃烧，送丝机将焊丝从焊丝盘中拉出并将其送给焊枪。焊丝通过焊枪时，通过与铜导电嘴的接触而带电，导电嘴将电流由焊接电源输送给电弧，供气系统提供焊接时所需要的保护气体，将电弧．熔池保护起来。如采用水冷焊枪，则还配有冷却水系统。控制系统主要是控制和调整整个焊接程序：开始和停止输送保护气体和冷却水，启动和停止焊接电源接触器，以及按要求控制送丝速度和焊接小车行走方向、速度等。

## 第　五　章

1. 答：$CO_2$ 气体保护焊具有以下优点：

1）焊接生产率高。

2）焊接成本低。

3）焊接变形小。

4）焊接质量较高。

5）适用范围广。

6）操作简便。

7）电弧可见性好，有利于观察，焊丝能准确对准焊接线，尤其是在半自动焊时可以较容易地实现短焊缝和曲线焊缝的焊接。

同时，$CO_2$ 气体保护焊也具有以下缺点：

1）飞溅率较大，并且焊缝表面成形较差。金属飞溅是 $CO_2$ 焊中较为突出的问题，这是主要缺点。

2）很难用交流电源进行焊接，焊接设备比较复杂，易出现故障，要求具有较高的设备维护的技术能力。

3）抗风能力差，给室外作业带来一定困难。

4）不能焊接容易氧化的非铁金属。

5）弧光较强，必须注意劳动保护。

2. 答：$CO_2$ 焊所用的设备有半自动 $CO_2$ 焊设备和自动 $CO_2$ 焊设备两类。一台完整的半自动 $CO_2$焊设备由焊接电源、送丝机构、焊枪、供气系统、冷却水循环装置及控制系统等几

部分组成，而自动 $CO_2$ 焊设备除上述几部分外还有焊车行走机构。

3. 答：推丝式焊枪的主要特点是结构简单、操作灵活，但焊丝经过软管产生的阻力较大，故所用的焊丝不宜过细，多用于直径 1mm 以上焊丝的焊接。

拉丝式焊枪的特点：

1）一般均做成手枪式。

2）送丝均匀稳定。

3）引入焊枪的管线少，焊接电缆较细，尤其是其中没有送丝软管，所以管线柔软，操作灵活。但因为送丝部分（包括微电动机、减速器、送丝滚轮和焊丝盘等）都安装在枪体上，所以焊枪比较笨重，结构较复杂。通常适用于直径为 0.5 ~0.8mm 的细丝焊接。

4. 答：1）工作前应确认焊机、导线、手柄等安全可靠；手柄和导线绝缘良好，管道阀门无泄漏。

2）防止有害气体中毒和窒息的发生（焊接烟尘和 CO 对人体有害），必须遵守劳动安全卫生法及其实施令中关于粉尘侵害的规则，工作间应有良好的通风设备或使用有效的呼吸用保护器具，工作前先开启抽风，工作结束 3 ~5min 才允许关闭风机。

3）为防止发生触电，焊机的金属外壳必须有牢固的单独接地线；设备的高压部分的防护装置及信号装置应完好，并经常检查其安全可靠性。

4）为防止眼部发炎和皮肤烧伤，请务必遵守劳动安全卫生规则，配戴相应的防护用具。

5）定期检查焊枪手柄，必须绝缘良好。

6）设备通电后，人体不得接触带电部分。

7）搬运和使用 $CO_2$ 气瓶应遵守《气瓶安全管理规定》。

8）调整安装电极或修理焊机，必须切断电源才能进行。

9）当 $CO_2$ 气瓶需释放高压（15MPa）气体时，操作者应站在瓶嘴侧面或后面，同时应避开场内其他人员。

10）工作结束后，应可靠切断电源、气源；清除场地内可能保留的着火物并清扫工作场地。

11）除非有特殊需要，检修一定要在切断配电箱电源，确保安全的前提下进行。

5. 答：$CO_2$ 焊常采用 Si 和 Mn 联合脱氧，其效果极佳。但是加入焊丝中的 Mn 和 Si 元素，由于在焊接中一部分直接氧化和蒸发掉，一部分消耗于 FeO 的脱氧，还有一部分则留在焊缝中作为补充合金元素，所以要求焊丝要含有足够的 Si 和 Mn，且比例要合适。如果将 Si 和 Mn 含量提得过高，则会降低焊缝金属的塑性和冲击韧度，降低焊缝的力学性能。

6. 答：1）焊机禁止安置在阳光暴晒、雨淋、潮湿、灰尘较多的地方。

2）焊机安装的场地禁止有斜坡、封闭的空间。通风应良好，地面应坚实。焊机距离墙及其他设备的距离不能少于 30cm。

7. 答：1. 一级技术保养

1）检查焊机输出接线规范、牢固，并且出线方向向下接近垂直，与水平夹角必须大于 70°。

2）检查电缆连接处的螺钉紧固，平垫、弹垫齐全，无生锈氧化等不良现象。

3）检查接线处电缆裸露长度是否小于10mm。

4）检查焊机机壳接地是否牢靠。

5）检查焊机电源、母材接地良好、规范。

6）检查电缆连接处要可靠绝缘，用胶带包扎好。

7）检查电源线、焊接电缆与电焊机的接线处屏护罩是否完好。

8）检查焊机冷却风扇转动是否灵活、正常。

9）检查电源开关、电源指示灯及调节手柄旋钮是否保持完好，电流表，电压表指针是否灵活、准确，表面清楚无裂纹，表盖完好且开关自如。

10）检查 $CO_2$ 气体有无泄漏。

11）检查焊机外观是否良好，有无严重变形。

12）检查 $CO_2$ 焊枪与 $CO_2$ 送丝装置连接处内六角螺母是否拧紧，$CO_2$ 焊枪是否松动。

13）检查 $CO_2$ 送丝装置电缆及气管是否包扎并固定好。

14）检查 $CO_2$ 送丝装置矫正轮、送丝轮磨损情况并及时更换。

15）检查电焊钳有无破损，上下罩壳是否松动影响绝缘，罩壳紧固螺钉是否松动，与电缆连接牢固导电良好。

16）每周彻底清洁设备表面油污一次。

17）每半月对电焊机内部用压缩空气（不含水分）清除一次内部的粉尘（一定要切断电源后再清扫）。在去除粉尘时，应将上部及两侧板取下，然后按顺序由上向下吹，附着油脂类用布擦净。

2. 二级技术保养

按照“日常维护”项目进行，并增添下列工作：

1）检查各线路及零附件是否完好。

2）检查保险丝是否符合要求，如发现已氧化、严重过热、变色应及时更换。

3）检查电流调节装置，应符合调节范围的要求。

4）检查设备各部分润滑情况。

8. 答：1）查清电源的电压、开关和熔丝的容量，必须符合焊机铭牌上的要求。

2）焊接电源的导电外壳必须可靠接地，地线截面必须大于 $12mm^2$。

3）用电缆将焊接电源输出端的负极和工件接好，将正极与送丝机接好，$CO_2$ 焊通常采用直流反接，如果用于堆焊，最好采用直流正接。

4）将流量计至焊接电源及焊接电源至送丝机处的送气管道接好。

5）将预热器接好。

6）将焊枪与送丝机接好。

7）接好焊接电源至供电电源开关间的电缆。

9. 答：

1）从焊接电源至送丝机构，只采用了一根控制电缆，既减轻了焊机电缆的重量，又减少了控制线断线的可能性，且移动也较为方便。

2）控制电路采用了大量的模块和无触点开关，减少了电子元器件的数量，并将控制电路设计在一块控制板，因而大大提高了焊机工作的可靠性，且便于维修。

3）焊接电源的体积减小，重量减轻，且焊机的防尘性能有了明显的提高。

4）焊机的焊接电流、电压不仅可以独立调节，而且还可以进行简易一元化调节，方便用户使用。

10. 答：

1）采用高电压引弧，引弧平稳，成功率高。

2）采用独特的弧压和电流反馈控制电路，使焊接过程稳定，飞溅率低，干伸长变化适应性强，电流和电压匹配调节范围宽，焊缝成形好。

3）采用了性能优良的削小球电路，使焊接结束后焊丝端部的小球直径与使用焊丝直径基本一致，引弧成功率高。

4）采用 PWM 逆变技术，频率高，焊机动态响应速度快。

## 第　六　章

1. 答：

1）操作人员必须经过培训取得合格证后，持证上岗。

2）操作人员应仔细阅读焊机使用说明书，了解机械构造、工作原理，熟知操作和保养规程，并严格按规定的程序操作。非本机操作人员严禁操作。

3）作业前应做好准备工作，按规定进行日常检查。检查应在断电状态下进行。

2. 答：MZI—1000 型埋弧焊机的焊接参数的调整可通过改变焊车机构的交换齿轮来调节焊接速度；利用送丝机构的交换齿轮来调节送丝速度和焊接电流；通过调节电源外特性调节电弧电压，但焊接电流和电弧电压是相互制约的。当电源外特性调好后，改变送丝速度，会同时影响焊接电流和电弧电压，若送丝速度增加，电弧变短，电弧静特性曲线下移，焊接电流随之增加，电弧电压稍下降；若送丝速度减小，电弧变长，电弧静特性曲线上移，焊接电流减小，电弧电压稍增加。这个结果与保证焊缝成形良好，要求焊接电流增加时电弧电压相应地增加，焊接电流减小时电弧电压相应地减小相矛盾，因此为保证焊接电流与电弧电压相互匹配，要求同时改变送丝速度和电源外特性，但在生产过程中是不能变换送丝齿轮的，只能靠改变电源的外特性，在较小的范围内调整电弧电压，因此焊接焊件前必须通过试验预先确定好焊接参数才能开始焊接。

3. 答：利用一定厚度的焊剂作为焊缝背面的衬托装置，称为焊剂垫。埋弧焊常用的焊剂垫有：

1）橡皮膜式焊剂垫，常用于纵缝的焊接。

2）软管式焊剂垫，适用于长纵缝的焊接。

3）圆盘式焊剂垫，适用于环焊缝焊接。

4. 答：手工等离子弧焊设备主要由焊接电源、焊枪、控制系统、供气系统和水冷系统等部分组成；自动等离子弧焊设备除上述部分外，还有焊接小车和送丝机构（焊接时需要加填充金属）。

5. 答：(1) 操作前的准备工作

1) 在进行等离子弧切割作业时，必须先到安保部办理动火许可证。

2) 作业现场做好防火设施，如灭火器、装满水的水桶等。

3) 使用等离子切割机前，检查切割机的电源线是否完好，保护接地线是否牢固，压缩空气气源是否正常，导电嘴是否畅通。

4) 保持作业现场通风良好。

(2) 操作步骤

1) 检查完好后，接好压缩空气，接好电源，合上电源开关，电源指示灯亮。

2) 开始切割，喷嘴孔的外边缘对准工件的边缘，按动割炬开关即可起弧，若未引燃电弧，松开割炬开关，并再次按动割炬开关，起弧成功后匀速移动割炬进行正常切割。

3) 当工件将要切断时，切割速度应放慢（防止工件变形而引起工件与喷嘴相碰，造成短路）。

4) 切割完成后，切断电源、气源、清理工具和现场，确认没有起火危险后，方可离开现场。

5) 对工件切割部位进行冷却，清渣后进行下一步工作。

6. 答：等离子弧焊接和切割过程中会产生电击、有害气体、金属烟尘、噪声、弧光辐射、高频电磁场等有害因素。

7. 答：每三到六个月对设备内部进行清理，用干燥的压缩空气清除焊接电源内部的尘埃；特别是变压器，电抗器，各种电缆和半导体电子器件；焊机长期不用，应每三个月空载运行不少于30min；定期检查各个接头部位是否松动，锈蚀；定期检查焊接电缆和各连接导线是否老化，或绝缘降低，以免漏电造成设备损伤或人体伤害；定期检查焊机内的水气管有无老化或破损，接头处有无泄漏，以免漏电造成设备损伤或人体伤害。

8. 答：点焊机器人焊钳可分为分离式、内藏式和一体式三种类型。

(1) 分离式焊钳　其优点是采用分离式结构，减小了机器人的负载，运动速度高，价格便宜；缺点是需要大容量的阻焊变压器，电力损耗较大，能源利用率低。此外粗大的二次电缆对机器人的手臂施加拉伸力和扭转力，限制了点焊工件区间与焊接位置的选择。

(2) 内藏式焊钳　其优点是二次电缆较短，变压器的容量可以减小；缺点是使机器人本体的设计变得复杂。

(3) 一体式焊钳　其优点是节省能量；缺点是焊钳重量增大，要求机器人的负载能力变大。

9. 答：1) 直观检查。

2) 供电检查。

3) 替代法。

4) 经验法。

# 参考文献

[1] 乔长君. 弧焊机维修入门［M］. 北京：国防工业出版社，2011.
[2] 魏继昆，谭蓉. 先进焊接设备与维修［M］. 北京：机械工业出版社，2007.
[3] 中国机械工程学会焊接学会. 焊接手册：第一卷［M］. 北京：机械工业出版社，2007.
[4] 张毅. 焊接设备使用与维护［M］. 北京：化学工业出版社，2011.
[5] 雷世明. 焊接方法与设备［M］. 北京：机械工业出版社，2010.
[6] 张永吉，乔长君. 电焊机维修技术［M］. 北京：化学工业出版社，2011.
[7] 刘松淼，郭颖. 焊接操作技能实用教程［M］. 北京：化学工业出版社，2010.
[8] 王建勋. 焊接结构生产［M］. 长沙：中南大学出版社，2010.
[9] 马世辉. 焊接结构生产与实例［M］. 北京：北京理工大学出版社，2012.
[10] 李亚江，王娟，刘鹏. 焊接与切割操作技能［M］. 北京：化学工业出版社，2006.